English Pastoral

羊飼いの想い

イギリス湖水地方のこれまでとこれから

An Inheritance

ジェイムズ・リーバンクス
濱野大道 訳

早川書房

羊飼いの想い

——イギリス湖水地方のこれまでとこれから

ENGLISH PASTORAL
An Inheritance
by
James Rebanks

Translated by
Hiromichi Hamano
First published 2023 in Japan by
Hayakawa Publishing, Inc.
This book is published in Japan by
arrangement with
United Agents LLP
through Tuttle-Mori Agency, Inc., Tokyo.

装幀／田中久子
写真／James Rebanks

愛を込めてヘレンに

目　次

プラウとカモメ
7

郷　愁《ノスタルジア》
15

進　歩《プログレス》
115

理想郷《ユートピア》
229

謝　辞
335

訳者あとがき
343

プラウとカモメ

PASTORAL（パストラル）

■語源

後期中英語。「羊飼いに関連する」を意味するラテン語の *pastoralis* より、「羊飼い」を意味する *pastor* より。

■形容詞

①（土地について）羊や牛の飼育や放牧のために使われる。

②（キリスト教の教会で）精神的な導きを与えることに関する、または、与えることにふさわしい。

■名詞

田園生活を描写または想起させる芸術作品。とくに、都会の住民のために空想化または理想化して表現されることが多い。

黒い頭のユリカモメの群れが、あたかも海に浮かぶ小さな漁船に集まるように私たちのあとをついてくる。空は、翼を広げたシルエットと甲高い鳴き声を発するくちばしで満たされる。カモメの白い糞が、牛乳の筋のように土の上に飛び散る。私はトラクターに乗り、祖父のうしろで丸くなる。自在スパナ、レンチ、ソケットセットの上に置かれた尻が痛む。私たちが耕す一二エーカーの区画は石灰石の高台の上にあり、遠くのイーデン・ヴァレーに向かってわずかに傾斜している。土地は、銀色の空積みの石垣によって細長い長方形の畑に分割されている。まるで自分がいま地球のてっぺんにいて、これより上には雲しかないような気持ちになる。腹をすかせた鳥たちが、寄せては返す波になって上がったり下がったりを繰り返す。おもちゃの凧《たこ》のように地上からはるか高くの最高地点まで急上昇したかと思うと、眼に見えない糸に引っぱられてまた降りてくる。なかには、トラクターのわずか数十センチうしろに浮かび、プラウ（土を深く耕起するための大型の鋤。通常はトラクターに取りつけて使われる）のすぐ上で羽をばたばたさせるカモメもいる。ほかにも、手を伸ばせば触れられそうなほど近くで羽を動かさずにじっと滑空するカモメもいる。黄色い脚は折りたたまれ、その眼は何かを探している。一羽のカモメは、曲がって動かなくなった片脚をぶら下げながら浮かんでいる。遠くの湖水地方にある青灰色のフェル（山）が、眠れる巨大なドラゴンの背骨のシルエットみたいにそびえ立つ。

六枚のプラウの刃がリボン状に土を切り裂き、きらきら輝く鋼鉄製の発土板が土を持ち上げ、かきまわし、さかさまにひっくり返す。地面のなかの濃いローム質の土が剝きだしになって陽光にさらされ、草は地中に向けて折り曲げられ、切り口の上のほうが濡れて光っている。巨大な茶色い大海に逆巻く波のように、畝の層が畑の上に連なる。より新鮮な長い草は色が濃く、古いものは萎れ、色褪せ、乾き、倒れて畑全体に広がっていく。空の四隅へと風に乗って広がった噂を聞きつけ、さらに多くのカモメが集まってくる。鳥たちは一心不乱に羽をばたつかせて畑や森を横切り、地図上に定規で引いた飛行経路のようにどこまでも直線的に飛んでくる。掘り起こされたばかりの土を見つけたカモメは、嬉々として互いに大きな鳴き声をあげる。

丘の斜面を上がるトラクターのエンジンは激しく振動し、排気口から油っぽい黒い煙がもくもくと出てくる。私の鼻は、ディーゼル油と土のにおいで満たされる。祖父は首をまわして前後をたしかめ、畝がきちんと直線になっているかに集中の半分を向ける。枕地のはるか彼方の前方にあるふたつの目印を手がかりにしつつ、祖父は線をまっすぐに保とうとする。目印のひとつは古いアカマツの木、もうひとつは遠くの丘の絶壁の窪み。祖父は、知り合いの農夫にまつわるある話を教えてくれる。その若い農夫は、視線の目印として遠く離れたところにある白い〝点〟を使ったものの、畝はジグザグになってしまった。いちばんさきの目印はじつのところ、遠くの丘の斜面を行ったり来たりする白い牛だったという。祖父のもう半分の集中は、うしろを振り返ってプラウの動きをたしかめることに向けられる。前後ふたつの角度へと順に体を半分だけひねりつづけると、祖父の首の筋肉が硬直していく。その革のような頰は、灰色の無精ひげでざらざらとしている。

カモメは未耕地に向かって一気に下降し、緩んだ地面の上のミミズをくちばしでつかむ。それからまた急上昇し、力《ちから》いっぱい翼をはためかせてまっしぐらに遠くへ離れ、仲間たちにもみくちゃにされるまえに獲物を急いで吞み込む。ごちそうが無事に胃のなかに収まったとき、カモメはプラウから九〇メートル以上うしろにいる。鳥たちはふたたび空高くへと舞い戻り、畑の上を滑空してトラクターのそばまで下りてくると、また同じサイクルを何度も何度も繰り返す。丘の下のほうではミヤマガラスが畑をちょこちょこと行進し、一部が黒い翼を広げて舞い上がり、空を旋回するカモメの群れのなかに入り込む。

金属が石灰石の岩盤を引っかくたび、ぎしぎしと音がする。誰かが錨《いかり》を落としたかのように、トラクターが急に引っぱられてエンジンがうなりをあげる。それから金属がきしみ、石が割れ、プラウが少し持ち上がり、引っかかりがなくなると前方にがくっと進む。そのあと、プラウのうしろの地面に分厚い岩が現われる。その大きすぎる石は、あたかも氷山のように大部分は埋まったままで、傷ついた先端や剝がれ落ちた破片が畝の上に見えるだけだ。この農場の固い地盤を覆う土は浅く、同じことが繰り返し起きる。

夜が忍び寄る。影が伸びる。カモメたちは巨大なV字型になって巣に戻る。その姿は、戦争映画の爆撃機の編隊のように見える。薄れゆく青い光のなかで、フェルが震え揺らめく。枕地の草は刈り取られ、仕事は終わる。そして、私たちは家に戻る。トラクターのヘッドライトが、アーチ状に道路を覆う枝のトンネルをハロゲンの黄色で照らす。トラクターのまえをウサギが通り過ぎ、端のほうに駆けていく。私は坐ったままあくびをする。丸々とした白い星が、濃い藍色の空でちらちら光っている。トラクターが通り抜ける小さな集落の家々には電気が灯され、テレビがつけられ、住民たちは台所を歩きまわり、あるいは居間のソファーにぐったりと坐っている。

＊

すべての旅は、かならずどこかの地点からはじまる。ここが、私の旅がはじまった場所だ。私はそのトラクターのうしろに坐り、まえの運転席にはじいちゃんがいた。自分たちが何者なのかについて、土地の意味について、カモメとプラウの関係性について人生ではじめて考えた。私は、古代の農耕世界の最後の日々を生きる少年だった。これから何が起きるのかも、なぜ起きるのかもわからなかった。変化の一部は、わが家の農場にやってくるまで何年もかかった。でも、その変化の日はきっと重要な意味をもつことになると私はなんとなく気づいていた。

この本で私が語るのは、古い世界についての物語、その世界の行く末の物語だ。私の家族が経営していたふたつの小さな農場《ファーム》の土地で起きた、世界的な革命についての物語だ。父がイーデン・ヴァレーに借りていた農場は、二〇年近くまえに手放すことになった。そこから西に三〇キロほど離れた湖水地方の片隅に、祖父の小さなフェル・ファームがあり、私はいまそこで働きながら生活している。これは、私の少年時代の農耕がどんなものだったのか、それがどうなったのかをありのままに描いた物語だ。この国、そして世界じゅうに何万といる私たちのような農場主《ファーマー》についての物語だ。なぜ私たちはそのような行動をとったのか？　一部の人々はいまどんなまちがいを正そうとしているのか？　ここ四〇年に土地にたいして行なわれてきたことは革命的であり、何千年ものあいだ続いてきたすべてを破壊した。ずさんな計画にもとづく急進的な実験が、私たちの土地で行なわれてきた。

私はその時代を生きてきた。私は目撃者だった。

郷　愁《ノスタルジア》

だが、未知の原野を犂《す》き返す前に、
風と、天候のさまざまな法則と、その土地の歴史と性質を、
それぞれの土地に何が適し、何が適さぬかを学ばねばならぬ。

――ウェルギリウス「農耕詩」より（『牧歌・農耕詩』河津千代訳、未来社、一九八一年）

いちばん見えにくいのは、そこに実際にあるものだ。

――J・A・ベイカー『ハヤブサ』（一九六七年）より

健全な農場文化は熟知のみにもとづいて築かれ、土地にしっかりと根づいた人々のあいだのみで育《はぐく》まれる。それは地球上の人類の英知を養い、保護する。どんな量の技術もそれに完全に取って代わることなどできない。

――ウェンデル・ベリー『アメリカの不安定さ』「文化の危機としての農業危機」（一九七七年）より

硬い背もたれの椅子へ神経質なカラスのようにぎこちなく腰をかけ、私たちは待合室で静かに待つ。法律事務所の創設者たちが描かれた仰々しい壁の肖像画が、こちらを厳《いか》めしい眼つきで見下ろしてくる。私たち家族の隣には、白髪交じりの母親と娘のふたり組がいる。娘が何かささやきかけると、母親はささやき返す。それからふたりは、ピンストライプのスーツ姿の男に階上へと案内される。この息苦しいディケンズ風の事務所は、地元の町の砂岩造りの教会の隣にある。入口へと続く階段は、何世代もの田舎の住民たちの一張羅の靴によってひどくすり減っていた。彼らはみな、さまざまな法的問題を解決するためにこの建物にせかせかとやってきては去っていった。

私の家族に関する書類上のもっとも古い記録は、隣の教区での地元貴族との土地所有をめぐる一四二〇年の法的な争いにまつわるものだった。この事務所の事務弁護士たちは、少なくとも三世代にわたってわが家の農場の法律問題を担当してきた。いま私たち家族は、父の遺言の詳細について説明を受けるためにここにいる。

祖父の事務弁護士は家族のなかで「チャールズ」と気軽に呼ばれ、少しでも法律にかかわる問題が出てくると「そういうことはチャールズに訊いたほうがいい」ときまって誰かが言った。この町のような小さなマーケット・タウンでは古くから、地域の土地に根ざして働く農場主などの住民のニーズに応えるために、中流階級の専門職の小さな集団がいた。

見習い秘書と思《おぼ》しき若い女性が、コーヒーを飲みますかと尋ねてくる。その直前、年上の女性が彼女に合図を送り、私にコーヒーを飲むか訊くようにささやいたのだ。が、すぐに若い女性がコーヒーマシンの使い方をよく知らないことが明らかになる。仕事をはじめたばかりで一生懸命がんばっているようではあるが、まだ慣れていないらしい。カップをもつ手が震えている。「あたし、コーヒーを飲むようなポッシュなタイプじゃないので」と彼女は恥ずかしそうに小声で言う。年上の女性はやさしく、しかし断固とした態度で見習い秘書を横に押しやり、自分でコーヒーを用意しはじめる。デスクのうしろに引っ込んだ若い女性は、穴があったら入りたいような表情を浮かべる。私はその表情についてよく知っている。二〇代になるまで私は、〝ポッシュ〟な人たち（中流階級、あるいは大卒と少しでも思われる人）と会話をすることさえ恐れていた。彼らといると自分が小さく感じられ、不愛想で無口になった。向こうはむずかしい言葉を駆使し、私の知らないことをすべて知っていた。

コーヒーが用意されるとすぐ、年上の女性は丁重な態度で私たちを廊下のさきの部屋に案内する。室内には、ニス塗装のテーブルのまわりに革張りの椅子。テーブル奥の窓の外では、二羽の灰色のハトがスレート屋根の上で追いかけっこをしている。うしろからべつの女性が部屋に入ってきて、紐《ひも》とリボンで縛られた古い膨らんだフォルダーを腕いっぱいに抱えて母親の横を通り過ぎる。彼女はテーブルの奥にまわって自己紹介し、この書類はわが家の土地の「不動産譲渡証書」だと告げる。リボンが解かれると、太った男の腹からベルトが外されたときのように書類の束がドサッと崩れて広がっていく。私としては、それらの書類——語られざる物語の分厚い束——を開き、手で抱えてみたかった。しかし、そんな行動に出る人間はほとんどいないらしく、女性はすぐに今日の本題である法的手続きについて話しだす。そのあいだ不動産譲渡証書はテーブルの上に雑然と置かれたままだったが、開かれることはなかった。事務弁護士は話をはじめたものの、彼女の言葉がまったく耳に届いてこない。私が上の空だと気づくと、弁護士はいったん話すのをやめる。証書の束を見てもいいですか、と私は尋ねる。彼女はいいですよと言い、書類の一部をまえに押しだしてまた説明をはじめる。手前の二、三通の書類を私たちは持ち上げ、硬い折り目に沿って開いてみる。その動きはまるで、巨大な段ボールの蝶が羽を広げているかのようだ。

これらのページに書かれているのは、わが家の土地について現存する〝記述された歴史〟になにより近いものだといっていい。光沢のある紙には、ほぼ判読できないカッパープレート書体の手書きの文字にくわえ、色が薄れたパステルの土地の見取り図が所狭しと並ぶ。巨大な年代物の手紙のすべてのページには、文字がぎっしり詰まっている。溶けた暗紅色の封蠟のまわりには、いくつもの丁寧な署名。手書きの文字や見取り図に眼が慣れてくると、区画の名前や土地の特徴にまつわる記述が並ぶ半分馴染みの世界が広がっていく。林、小川《ベック》、小道、納屋。それは私の知る草、石、土、木、風景と並行して存在する紙とインクのネガだ。はじめて見る歴史的な説明や目印も多くあり、考古学的な出土品よろしく、全部に「ケルティック」という印がついている。
すべての区画の所有権の歴史がこの束のなかにあり、何世紀もまえからのすべての取引が細かく記録されている。最後にこの書類を見たのは、父か祖父にちがいない。それ以前に眼をとおしたのは、私たち家族よりまえにここで農場を営んでいた人々だったのだろう。証書は古くから、私たちの汚れた手から離れた場所に保管されてきた。この文書が参照されるのは、私有地の境界線や土地・物品などの所有権について争いが起きたときか、誰かが死んだときだけだった。私の眼は区画の名前に惹かれていく。

グリーンマイア
リトル・グリーンマイア
スミシー・ブラウ
ハイ・ストーニー・ベック
クローヴンストーン
クローヴン・ストーン・リグ

ブラウフィールド
ウッド・ガース
ロング・フィールド

この証書の束のどこかに、一九六〇年代はじめにこの町で祖父が購入した一〇〇エーカーの土地についての記録がある。ある日曜日の午後、痩せたティーンエイジャーだった私の父と、この地域の事情によりくわしい義理のおじのジャックを連れ、祖父はあるものを見るドライブに出かけた。見にきたのは、これらの証書のなかにも記されている荒れ放題の、みすぼらしく、柵はぼろぼろで、点在する区画が集まった小さな土地だった。それらが、ひとつの「フェル・ファーム」を構成していた。祖父は、借金してこの土地を買い、夏のあいだに牛と羊を放牧するために使うつもりだと説明した。価格は一万四〇〇〇ポンド。のちに私の両親は、点在する区画の中間にある五〇エーカーの土地を引退するファーマーから買い、ひとつのつながった農場を完成させた。それらの取引に関連する書類も束のなかに含まれている。一九九〇年代に隣接する土地が売りだされると、さらに一六エーカーが農場に追加された。この保管資料にはまもなく、父が死んだ数週間後に私と妻が購入した一四エーカーの土地の不動産証書も収められることになるだろう。家の裏の小道を上がったところにあるその土地は、農場にも近く、羊と牛の飼育のために役立つ場所だ。

これらの不動産譲渡証書は、ひとつの家族からつぎの家族へと何度も何度も土地が受け継がれてきたことを示している。農場は固定されたものではなく、多くの場合、家族が土地を買い、貸し、売るたびに世代とともに変わるものであることを私は思いだす。ほとんどの家族の歴史がそうであるように、わが家の歴史も複雑でバラバラだ。土地への人々の愛着は、土地を守りながらそこで働くことをとおして世代ごとに更新される。ときに、土地が失われることもある。事務弁護士が指摘するとおり、イングランド北部の片隅にあるこの土地で農場を営む私の家族の将来は、土地から（あるいは、考えられるほかのすべての方法から）充分な収入を得て請求書の支払いをし、借金を返済し、いくらかの生活費を稼ぐことができるかどうかによって決まる。一〇代のころからずっと私は農場で働き、羊の群れの世話をしつづけてきた。が、今回は何かがちがった。砂岩造りの弁護士事務所のすり減った階段を下りながら、いまこそ自分が「ファーマー」になったのだと私は悟った。

＊

父の死から数カ月は、人生のなかでいちばんつらい時期だった。私はファーマーになり、船長として舵《かじ》をみずから取ることをずっとまえから望んでいたものの、実際にそうなった瞬間には虚しさを感じた。世界は、鈍い灰色の陰のように見えた。私たちが住む小さな渓谷の外ではどこでも、人々は正気を失ったかのように振る舞い、選挙で愚か者を選び、怒りにまかせて奇妙な行動に走った。イングランドは分裂し、打ちのめされていた。その数カ月のあいだ、突如として私はさきが見えなくなった。まるで、それまでは誰かの足跡をたどって道を進み、彼らといつも話し、状況が厳しくなると彼らが励ましてくれていたかのようだった。しかし気づけば、その人々はもうまわりにはいなかった。農場は孤独な場所だった。誰かと共有していない農場は、さらに寂しい場所になった。くわえて年を追うごとにファーマーの数はどんどん減り、人口に占める割合は消えゆくほど小さく、ますます無力になっていった。私たちの世界は脆く、いまにも粉々に砕け散ってしまいそうだった。

＊

国連によると毎月五〇〇万人が農村社会から都市社会へと移動しており、それは人類史上もっとも大規模な移動だという。「世界初の工業国」であるイギリスでは、そのような移動の大部分は二、三世代まえに起きた。よってイギリスは、地球上でどこよりも都市化した社会のひとつだといっていい。人々の大多数はいまでは町や都市に住み、農耕牧畜の実用的な現実についてほとんど真剣に考えようとはしない。人間が自然界と向き合ううえで、私たちはいま重要な岐路に立たされている。

ところが現実的な意味では、誰もがみな依然として土地に縛られている。人間の文明全体が余剰農産物に依存しており、それによって多くの人が食糧生産から解放され、ほかのことができるようになる。私たちはもう工業時代の「闇のサタンの工場」（英国を代表する聖歌「エルサレム」の一節。産業革命を指すとされている）の奴隷ではなくなった。しかし何百万人もの人が、その後の時代に登場した魂の抜けた企業のオフィスの机に鎖でつながれたままだ。人々はみんな、一世代か二世代まえに生計を立てるために町にふらりと立ち寄っただけで、すぐに田舎の家に戻る予定であるかのように行動する。愛すべき風景、つまり〝自然〟以上に大切にするべきだと私たちが断言できるものはほかにはほとんどいない。小さな村、農場、茅葺《かやぶ》きのコテージ、スイカズラの香りが漂う生け垣に囲まれた小さな牧草地。そんな牧歌的《パストラル》な世界への帰り道を見つけるという夢ほど長く続くものはない。

かつてイングランドは「心地よい緑の大地」（同じく聖歌「エルサレム」より。工場に毒されていないイギリスの農村を指す）と呼ばれたが、完全に緑だったことも、完全に心地よかったこともない。ほぼすべての土地が人間によって利用された厳しく古い場所だったものの、そのなかには良いこともたくさんあった。しかし真実は、この国に食べ物を与える田園地域は変わったということだ。わずか一世代まえと比べても、その様子は大きく異なる。古い農業方式にもとづく土地とそこに生息していた野生生物はほとんどが姿を消し、規模、速さ、力において以前とはまったく異なる工業化農業システムに取って代わられた。この新しい農耕牧畜は、生産面ではきわめて効率的であるものの、最近の研究によって生態系には破滅的であることが証明されてきた。このような変化について知れば知るほど、農業がたどった運命について不安と怒りが増してくる。私たちの社会はこの種の農業によって築かれたにもかかわらず、それはますます疑わしいものへと変わりつつある。

農場を相続するタイミングとしては最悪だった。わが家の農場をどう運営するかについて、私はいまやひとりで決断する責任を負うことになった。五年前に父親が死んだあとの数カ月のあいだに、私はある種の絶望を感じはじめた。当時、ファーマーの役割はかつてないほど疑問視され、批判されていた。農地の野生生物の減少や消滅についての不穏なニュースや科学的な研究に関する報道が、日々テレビやラジオから流れてくるようになった。熱帯雨林は燃やされ、川は汚染され、土壌は浸食され、無数の土地が不毛になり、自然が奪われた――。新聞やニュースは怒りに染まっていた。人生ではじめて、ファーマーであることが謝罪すべきことのように感じられた。そして、いくらかの悲しみと恥を感じつつ私は、そのような報道のすべてが完全に嘘ではないと理解することができた。私に与えられた新しい役割は、若いころに想像していたような英雄的なものではなかった。それはじつに紛らわしく、複雑で、疑いに満ちたものだった。数えきれない選択肢があった。大きく根本的なものもあれば、日々増えていく些細なものもあった。良くも悪くもイングランドのこの小さな一部を形づくるその無数の選択に、いまや私自身が向き合うことになった。その選択は、私の知識、あるいは知識不足、価値観、信念に大きく依存するもののように思えた。突如として、自分の選択にいかに大きな制約があり、自分がいかに無知なのかを思い知らされた。土地を破壊することなく、土地からお金を稼ぐ方法を見つけなければいけなかった。私が受け継いだのは、経済と生態系についての挑戦だらけの複雑な束だった。おそらくそれが、ファーマーになるということのほんとうの意味だったのだろう。

道に迷ったときには、それまでの旅の足跡をたどって慣れ親しんだ領域に戻ることがきまって得策となる。苦しかったはじめの数カ月のあいだ、それまでの出来事について整理し、失敗を理解する道筋を示してくれたのは祖父の牧畜方式だった。祖父がどのように農場を運営し、動物とまわりの自然界を大切にしてきたのか、私はたくさん考えた。ファーマーであることの意味をあらためて理解しようとした。四〇年近くまえの四月、いっしょに畑を耕して過ごしたある一日のことを思いだした。すべての詳細は、頭のなかに凍りついていた。四〇年という年月はそれほど遠い過去には思えなかったけれど、牧畜という文脈では恐竜時代に戻るようなものだった。もしかしたら古い過ちが見つかるだけか、あるいは伝統的な牧畜についての懐かしい感情が芽生えるだけかもしれないとわかっていた。それでも私は、何か答えが見つかるのではないかという期待感を抱きながら過去へと戻っていった。自分がどんなファーマーになれるのか、ならなければいけないのかを理解するヒントが見つかるかもしれない、そう期待した。

*

トラクターの運転席のうしろに坐ってカモメを眺めていると、プラウのうしろを飛ぶカモメとおじいちゃんが同じ全体の一部のように感じられた。どちらも同じくらいほんものだった。どちらも、地球について永久《とわ》の主張をもっていた。どちらも、この風景のなかで同じサイクルに属していた。両者はお互いを必要としていた。われわれはファーマーであり、その事実がほかのなによりも自分たちを定義している、とはじめて疑問の余地がないほどはっきり気がついたのはおそらくそのときだった。ファーマーは食べ物を育てるために土壌に変化をくわえ、それによって自分やほかの人々は生きることができた。祖父は仕事に根ざした生活を送り、土、作物、そこに生きる動物たちとつながっていた。祖父と土地の親密さが私は大好きだった。ほとんどの人はこのような生活を送っているわけではない、そう私は子どもながらにかすかに気づいていた。地元の村のなかでさえ多くの家族が土地との関係を手放し、牧草地、鳥、星から離れた新しい生活と交換した。

その春のはじめ、私の〝農場教育〟をはじめるタイミングが来たと祖父は判断し、自分の世界のやり方を教え込もうとした。歩けるようになって以来ずっと祖父らの背中を追っていた私は、仕事のサイクルについてはぼんやりとは理解していたはずだ。しかし、その教育はまったくの別物だった。それまで数カ月のあいだに私が農場への興味を失いつつあることを祖父は感じ取っていた。私は仕事をサボりがちになり、家に隠れてテレビに齧《かじ》りつくようになった。私がいま農場の仕事を好きになるか、農場から離れて興味を永遠に失うか、どちらかだと祖父にはわかっていた。当時の私はちょうど、家と女性たちから引き離され、仕事を学びはじめ、役に立つ息子になるべき年頃だった。私は父親と仲が悪く、それが私の農場にたいする印象をさらに悪くした。父を手伝おうと努力はしたが、きまって何か失敗し、そのたびに怒鳴られた。父は乱暴な性格で、近寄らないでおくのが最善策だった。家のなかでダラダラしているほうが楽だった。しかし、自分がそんな少年であるべきではないとわかっていた私は、恥を感じた。そのときの私は、期待外れの人間になる瀬戸際にいた。

*

古いファームハウスの窓ガラスにはどれも、オークの幹の節のような渦巻き状の傷があり、庭のカエデの木、雲、送電塔が歪んで見えた。まわりの牧草地は特徴がなく退屈なものに思えた。私は空想家だった。しかしすぐに父親に怒鳴りつけられ、ブーツを履いて外に出て手伝いをしろ、ここは行楽地じゃないんだぞと言われた。勝手口にやってきた私にたいして父は、外でやるべき仕事を言いつけ、うんざりとした表情で振り返って中庭に戻っていった。父が立っていた場所に置かれた食器棚から、小汚い茶色い水がしたたり落ちていた。私はただこう考えた。いま外に出たいやつなんているのか？　雨のなか凍えた手で、あのいかれた野郎といっしょに働けって？

*

ある日、祖父が父親を叱りつける声が聞こえてきた。父のせいで私が農場の仕事にうんざりしている、私に厳しく当たりすぎだと祖父は言った。おじいちゃんは、いまだわが家のすべての土地の家長であり、農場から離れることはめったになかった。私はすぐに、家で父さんのために働くよりも、祖父といっしょに仕事をしているほうが愉《たの》しいことを悟った。フェルの祖父の農場に行くのは、さらに愉しいことだった。

おじいちゃんの見かけはあまりいいほうとはいえなかった。毎日、同じ茶色の古びた作業着を着た。ハンチング帽の下の頭皮は青白く、哀れなほど薄い髪が横に撫でつけられていた。椅子の横には爪楊枝の入れ物が置いてあり、それを使って口のなかの食べかすをほじくった。若く見えたことはいちどもなく、いつもだいたい同じように見えた。しかし、家にあるいちばん古い写真に写る祖父はもっと痩せていた。写真のなかの彼は、賞を獲ったビーフ・ショートホーンの雄牛をしたがえ、地元の町にある城のまえに立っていた。でも私は、見かけなど気にしたことがなかった。驚くべき物語を聞かせてくれ、自分の好きなことだけをしているように見える祖父といっしょにいられるチャンスを逃がしたくなかった。その年から彼は、牧草地に関して私にさまざまなことを教えてくれた。まず教えられたのは、大麦畑の耕作についてと、わが家の農場が四季を通じてどのように機能しているのかということだった。少しいっしょに時間を過ごせば、私を農場の虜《とりこ》にさせることができると祖父はわかっていた。予想どおり、一年のあいだに私は農場の虜になった。およそ四〇年後、農場教育がはじまったその年はべつの意味合いで重要なものとなった。なぜなら、のちにすぐに消滅することになる牧畜世界について、頭いっぱいの記憶を与えてくれたからだ。その期間の記憶は私にとって命綱となり、暗闇のなかの光になった。

その年に施された農場教育は秩序だったものではなく、ジグソーパズルのピースのように順番に私に手渡されたが、それがかならずしも完成図の一部であるとはかぎらなかった。それぞれの断片はとてもゆっくり積み重なっていき、その世界と価値についてのはっきりとした理解へとつながっていった。私はむかしながらの方法を学んでいったが、それはまさに最後のチャンスだった。その世界はまわりからだんだんと消えはじめ、私たち家族の農場も例外ではなかった。二五キロほど離れたところには、立派な低地農場を営むおじやいとこがいた。新型のトラクター、機械、大きな建物を所有する親戚たちは、わが家の旧式の農業にたいする軽蔑をほとんど隠そうともしなかった。物事がすでに変わったことはあまりに明らかだった。

＊

庭先の勝手口の横に停めたランドローバーの運転席に坐る祖父は、エンジンをふかし、クラクションを鳴らした。早くしないとおじいちゃんがさきに行っちゃうよ、と母さんが言った。私は転びそうになりながらもウェリントン・ブーツを履き、戸口から出ていった。その日の私は、おじいちゃんの「ゲート・オープナー」を務める予定だった。車がガタガタと小道を進むあいだ、祖父は私が遅れたことについてぶつくさ文句を言った。一分後に〈ロング・メドウ〉のゲートで車が停まると、私は飛び降りてさっとゲートを開けた（ひどく重いゲートや有刺鉄線が張られたゲートのときだけ、祖父が車から降りてきた）。車が通り抜けると、私はそのうしろでゲートを閉めた。

いくつかの牧草地にたくさんの雌羊《ユー》と小さな子羊《ラム》がいた。すべての子羊がしっかりと親に世話され、元気に育っていることを祖父は注意深くたしかめた。彼はどの子羊がどの雌羊のものか親子の組み合わせをすべて頭のなかで把握しており、姿を消したり、異なる母親についていったりするのをけっして見落とさなかった。つぎに、冬の納屋から放牧地に出てきたばかりの「スタークし（幼い肉牛）を車で見てまわった。これらの幼い牛は気まぐれな性格で、頭を上げて全速力で走りだし、驚いたヌーのように鼻を鳴らした。みんな元気そうだからこのまま放っておいても問題ない、とおじいちゃんは言った。さらに車を進めると、牧草地から逃げだした三匹の子羊が道を疾走し、母親を捜してメーメー鳴き、なんとか生け垣を抜けて戻ろうとしているのが見えた。こういった事態に備えておじいちゃんは、餌のバケツ、ハンマー、針金をトランクに準備していた。子羊を連れ戻すために牧羊犬のベンを送りだした祖父は、そのあいだに柵を補修した。それから、羊の群れを新しい牧草地へと移動させた。この群れは「少し弱ってる」と祖父は言い、私の父がもっと早く移動させておくべきだったと指摘した。羊は同じ牧草地で教会の鐘を二度聞くべきではない、と彼は言った。それは、ひとつの牧草地に同じ群れを長くとどめておいてはいけないという意味だった。

ランドローバーを降りると、ハリエニシダで覆われた砂の斜面を歩いて横切り、農場のさらに奥の土地をたしかめにいった。私は、大股で歩く祖父になんとかついていこうとした。彼が膀胱を空《から》にするときにも、私はタイミングを合わせておしっこをしようとした（しかし祖父は老馬のように延々とおしっこをするので、最後まで出しつづけることはできなかった）。彼が歩くとブーツに草が擦《こす》れ、歩を進めるたびに大鎌を振るうような音がした。祖父が履く古い茶色い革ブーツは、つま先のほうが木靴のように上向きに反り、そこに黄色い紐がついていた。祖母はブーツを保革油《ダビン》で磨いた。牛の群れに向かう途中で祖父は立ち止まり、谷の幅広い全景を頭のなかに取り込み、さまざまな緑や茶色を読み取った。それは、異なる牧草地やまわりのほかの農場のパッチワークだった。この渓谷でほかのファーマーたちがその時点でどんな作業をしているのか、彼はすべてをきっちり把握していた。歩きながら私は、あらゆる作物や動物にはそれぞれに独自の一年のサイクルがあるという話を聞いた。誕生や種蒔き、成長、保護や餌やり、収穫や解体、販売。それを意味する専門用語を教わったのは、一〇年か一五年ほどあとのことだった——古い方式の「混合農業」または「輪作農業」。祖父には名前など必要なかった。たんに、知り合いの全員がしていたことにすぎなかった。

＊

農場を歩きまわるあいだにも、（私にとっては）困惑するほどの数のさまざまなことが起きていた。四つか五つの牧草地で干し草用の草が育てられていた。一、二面は貯蔵牧草《サイレージ》用で、二、三面は大麦用だった（さきほど耕すのを手伝った牧草地もそのひとつ）。枕地の下のほうには、種が蒔かれたばかりのオーツ麦畑があり、それは馬の餌となる作物だった。それから羊用のカブ畑があり、家庭用のジャガイモが植えられた「スティッチ」（盛り土の畝）が一〇本ほど見えた。さらに遠くには、エンドウ豆やインゲン豆の「ホールクロップ」畑があり、それも冬のあいだの牛の餌になった。それだけの畑があってもまだ充分ではないかのように、祖父は家庭菜園で――祖母を喜ばせるためにしぶしぶながら――キャベツ、レタス、ニンジン、タマネギを育てた。毎年春になると彼は、口汚い言葉で文句を言いながら熊手で土を小さな塊になるまで砕いた。つい最近までは、牧草地や納屋でさらに多くの種類の家畜を育てていた。乳牛の群れ、肉牛の群れ、三種類の羊、豚、馬、卵用の雌鶏、クリスマスに売るために肥育されたカモと七面鳥。私の眼には、祖父は多種多様なものを育てて世話する方法を熟知しているように映った。まさに、農業版のなんでも屋だった。

ある日、祖父はこう私に言った。すべてのことに惑わされてはいけない、パターンはじつに単純だ。「農場はプラウのまわりで踊る」と彼は続けた。ほかの数々の新しい道具も使われるようになったが、プラウは王様だった。作物を育てるために祖父は、地面をプラウで耕して（「ティル」して）苗床《なえどこ》を作り、刈り取られた古い作物を土に埋めて成長を止めなければいけなかった。プラウは、祖父の借り農場を「改良する」ためのカギとなる道具だった。それは祖父が若者だった一九三〇年代や四〇年代からずっと続けられてきたことであり、彼らは馬を使って畑を耕し、底に鋲釘《びょうくぎ》が打たれたブーツで畝のあいだを行き来した。

馬のうしろで地面を歩いて仕事をすることには、特別な何かがあった。おそらくそのせいで祖父は、強力なトラクターから景色を眺めた次世代とは異なる視点から世界を見るようになったのだろう。私の祖父は、あたかもみずからの体の延長であるかのように自分の土地を熟知していた。馬岩盤にプラウが引っかかったとき、彼はその震えを手やブーツをとおして感じ取った。馬のうしろのうしろを歩いているとき、すぐ近くに存在する草、土、虫を見、聞き、嗅ぎ、触れることができた。

仕事場である自然と祖父のあいだには何も隔たりがなかった。労働は往々にして過酷で、長く、ときに退屈だったが、祖父が少しでも後悔するような言葉を口にするのをいっときたりとも聞いたことがなかった。

四季をとおして私は祖父とともに歩き、車やトラクターにいっしょに乗り、まわりの景色を見て音を聞いた。サッチャー政権真っただなかの当時、私は、祖父が語る一九三〇年代の物語にトラクターの上で耳を傾ける少年だった（祖父の祖父が語ったという一八九〇年代の物語もあった）。これらの物語にはたくさんの馬が出てきた。馬だけでなく、登場人物の男たちもすでにまわりにはいなかったため、物語には魔法のような魅力があった。祖父の世界のなかの太陽は沈みはじめ、農場で働く日々は終わろうとしていた。

＊

私たちは、自家農場《ファームステッド》から牧草地へと続く古い空積みの石垣に沿って歩いた。石垣は山の背《リッグ》――氾濫原の上にそびえる隆起したホッグバック（急傾斜の同斜山稜）の土手――の輪郭に合わせて上がったり下がったりした。マキバタヒバリが地面から飛び上がり、私たちのはるか前方へと軽やかに進み、途中、有刺鉄線が結ばれた支柱の上にちょこんととまった。それは、羊の逃走防止用に石垣の上に設置された柵だった。谷のいたるところで雌羊と子羊が互いに鳴いて呼び合っていた。祖父は立ち止まってパントマイムのように片手を耳に当て、フェルの森のなかのカッコウの鳴き声を聞いた。私はうなずいた。それから彼は、自身が「ホッガスト」と呼ぶ石造りの納屋の木製ゲートをそうっと開けた。その日、高齢の黒いアバディーン・アンガス牛が出産する予定だった。問題が起きたときにすぐに手助けできるよう、昨晩、祖父は牛をこの納屋に移動させた。

私たちは、割れた窓からなかをのぞき込んだ。納屋の扉の上から溢れんばかりに射し込む光の斑《まだら》のなかに、漆黒の子牛が横たわっていた。祖父が静かに近づいていくと、私もついていって戸口で立ち止まった。母牛の乳首が光って柔らかくなっているのは、子牛が乳を飲んだ証拠だと祖父にはわかっていた。母親の大量の唾液によって子牛の毛は縮れ、輝いていた。じいちゃんは母牛に話しかけて安心させようとした。牛はモーと鳴いて反応を示したが、すぐにリラックスし、祖父がお尻を掻いてやっているあいだじっとおとなしくしていた。祖父は排出された胎盤をそっと引っぱり上げようとしたものの、手から滑り落ち、ぶよぶよの塊のまま納屋の床に落ちた。すると古い熊手で胎盤を持ち上げ、青いスレートと石灰モルタルでできた納屋の壁の脇のイラクサの茂みのなかに放り込んだ。つぎに子牛の下に手を伸ばして雄だと言い、それから体を持ち上げて立たせた。母牛は涙ぐんだ大きな黒い瞳で注意深く様子を見守りながら、草を反芻した。祖父がこちらに向かって手を振ったのは、扉を開けろという合図だと私は察知した。母牛が戸口をゆっくりと抜けると、子牛はそのあとをつまずきながら追いかけた。牛の親子は牧草地を横切り、群れの仲間たちのほうに歩いていった。母牛は数歩ごとに立ち止まり、よろよろ歩く息子が追いつくのを待った。私たちが見守るなか母牛はベックに水を飲みに向かい、途中で草の塊をくわえた。何頭かの牛が子牛を見に近づいてきて、母牛と鼻をつつき合った。群れのほかの牛たちは牧草地じゅうで草を食《は》み、むしゃむしゃと顎を動かしながら尻尾をヒュッと振った。子牛のそばで横たわる数頭の牛が尻尾と耳を動かし、エメラルドと黒の斑がちらちらと光る眼と横っ腹に集《たか》るハエを追い払った。生後しばらくたった子牛が、顔いっぱいに乳白色の泡をつけながら、母親の乳房にやさしく何度も口先を食い込ませて乳を飲んだ。母牛がぼうっとしていると、べつの子牛がうしろから忍び寄って乳を盗み飲んだ。すると、おじいちゃんがこちらに向きなおって言った。

「なんて図々しい野郎だ。なあ。見られていない隙を狙って、おばさん連中からこうやって乳を盗んでいるんだな。そりゃ、こんなにバターみたいに丸々と太るのも無理ない」

＊

おじいちゃんのまわりでは、時間がゆっくりと進んでいるかのようだった。動物たちを注意深く観察し、時間をかけてしっかりと世話することが大切だと彼は信じていた。祖父は永遠とも思えるほど長いあいだゲートに寄りかかり、牛や羊をただじっと見つめた。その結果として、すべての個々の動物の状況を把握することができた。なんらかの異変によってふだんとちがう振る舞いをしたときも、発情期や出産のタイミングもけっして見逃さなかった。忙《いそが》しく動きまわるのは愚か者だけだと彼は考えた。祖父にとって有能なファーマーとは辛抱強く、自身の眼、耳、鼻、感触を使う人々だった。彼が目指すのは、物事をうまくやることであり、素早く最小限の努力でやることではなかった。祖父は私のことを自分の「従騎士《スクワイア》」と呼んだが、その意味が理解できるようになるのはずっとあとになってからだった——私は祖父のプロジェクトであり弟子だった。大麦畑を耕した一週間後、私たちは〝石拾い〟のために同じ場所に戻った。祖父ははっきりとは言わなかったものの、その畑は私のための教室であり、作物を育てるあらゆる過程を学ぶ場所だった。そう、私はいまになってわかった。

＊

風と陽射しによって畝は乾き、崩れていた。最低速ギアで八エーカーの畑を耕すよう指示を受けた私は、ガタガタ揺れるトラクターを運転し、畝に沿ってゆっくりと這うように進んだ。石が増えるにつれて車体後部の重みが増すと、前部がより大きく弾んだ。トラクターのうしろには祖父とジョンがいた。ジョンはがに股の農場労働者で、ブリルクリームで黒髪を固め、青い綿パンを穿いていた。ふたりは歩きながら石を拾い、それを「トランスポート・ボックス」と呼ばれる、トラクター後部の油圧アームにぶら下がった金属の箱に投げ入れた。男たちが投げる拳大の石は弧を描いて飛び、ガチャンと音を立てて箱に入るか、ほかの石に当たって割れた。このままだと畑の端の石垣に衝突してしまうと思った刹那、おじいちゃんがうしろからトラクターに飛び乗ってきて、私を小突いてどかせ、ハンドルを握った。彼は石の箱をさまざまな場所に移動させ、畑、ゲート、小道にある穴を埋めて地面を固めるために使った。石垣の修繕に使えそうな良質な石は、再利用されるべき場所に運ばれた。何も無駄にされることはなかった。石は役に立つものだった。男の子も役に立つべき存在だった。実際のところ私は孤独な子どもで、不器用で恥ずかしがり屋だった。ほかの人たちといると緊張し、結果として的外れなことを口にし、バカなことをしてしまった。しかし、祖父はちがった。彼といると、自分が評価に値する大切な存在なのだと感じることができた。祖父を誇らしい気持ちにさせるためなら、私はなんでもした。だから農場教育がはじまったときも、本心では自分がファーマーになりたいのかよくわからなかったけれど、私は真剣に取り組むことにした。

＊

石拾いの翌日、こんどは畝を崩して苗床を作る作業をする必要があった。ここで馬鍬《ハロー》が登場する。ハローとは、二台のダブルベッドほどのサイズの上下さかさまの鉄製の熊手で、トラクターに鎖でつないで畝の上を引っぱって使われる。ガチャガチャと音を立ててハローが通り過ぎるたび、少しずつ土は耕され、脆く平らな地面へと変わっていく。しばらくたち、苗床の準備ができたとおじいちゃんは告げた。見ると、乾燥した砂に指で線を描いたように、きれいに均《なら》された土にハローの線がくっきり残っていた。すると、父親が種蒔き機に乗って畑のてっぺんにやってきた。父が運転する古風な見かけの珍妙な機械は、一定の間隔で地面に種を蒔くために使われるもので、だいたい一〇センチごとに一粒の種が落とされた（と私たちは望んだ。もし失敗すれば、すべて時間の無駄だった）。横を通り過ぎるときに父は「大丈夫か？」と言った。私はうなずき返した。

そこには三世代の家族がいた。畑はトラクターのうなりと埃に満ちていた。トラクターが畑をさらに進むたび、作業は終わりに近づいていった。

＊

一週間後、数日にわたって続いた晴天によって土が温められた。それから私たちは地面を均し、ほぐされた土を平らにした。ミヤマガラスに食べられないように、押し固められた表面の下に種を押し込んだ。もっと正確にいえば、畑を均したのは祖父だった。そのときの私は、父さんとなるべく顔を合わせないように家を離れていることが多かった。子牛が下痢症で死んだため、父はひどく不機嫌だった。私たちのうしろで、どでかい鉄のローラーがゴロゴロと音を立て、冷却水で満たされた巨大なシリンダーが、地面のこぶにぶつかるたびにガタガタ鳴った。私は体を上下に弾ませながら、その日の午前に観たジョン・ウェインの映画について妄想を膨らませていた。映画のなかでウェインは、牛の群れを大移動させるために大勢の牧童を雇う（「ゴールドラッシュ」のせいで大人の男たちはいなかった）。やがて彼は強盗に殺されるが、なんの問題もない。少年たちは断固として復讐することを決め、強盗団を追跡して殺してしまう。

祖父は、ピーウィット（一般的にはタゲリと呼ばれる）について何やら話していた。タゲリは水かきのような羽をはためかせて農場の上空を飛びまわり、旋回して方向を変え、上昇しては下降し、羽を見せびらかした。祖父は突然トラクターを停めてゆっくりと運転席から降り、歳で融通が利かなくなった脚について悪態をつきつつ、耕されたばかりの土の上に立った。彼は一点を見つめたまま、地面を大股で突っ切っていった。いったい何を見つけたのだろう、と私は不思議に思った。祖父は身をかがめ、地面の溝から何かを持ち上げ、ハンチング帽のなかに入れた。それからトラクターの運転席に戻り、私の膝に帽子を置いた。なかに収まった卵を見やり、私はひとつを手に持ってみた。温かく、海辺の観光地で売られている小石を模した飴玉のような斑色だった。この土地に巣くうダイシャクシギの卵だ、と祖父は言った。私たちはまたガタガタとトラクターを進めた。畑を一周したところで祖父は卵でいっぱいの帽子を手に取り、トラクターを降り、もともとあった場所に卵を戻し、手の甲で巣のようなものをまた作った。親鳥が戻ってくるのかと尋ねると、祖父は言った。「戻ってくることもあれば、戻ってこないこともある……おれたちにできるのはこれが精いっぱいさ」

一〇分後に畑を通りかかると、ダイシャクシギの母鳥があたかも何もなかったかのように、埃っぽい苗床の巣にすっぽりと収まっていた。祖父はにやりと笑った。その夜に私は、おじいちゃんとダイシャクシギの卵について父さんに自慢げに話した。父はおじいちゃんのことを「甘ったれたくそじじい」と呼び、だから今日の作業にこんなに時間がかかったのかと愚痴を言った。

＊

二週間が過ぎ、大麦の芽が地面を突き抜け、小さな緑の槍が空に向かって伸びていった。何百本もの緑の苗木の列が整然と並ぶ畑を祖父が通り抜けたとき、大きな安堵感があたりに漂った。私が学校にいるあいだに、父は人工肥料をいくらか畑に撒いた。私の眼には、微小な白い発泡スチロールの粒が地面に広がっているかのように見えた。そして日がたつにつれ、巣にいるダイシャクシギ、ミヤコドリ、タゲリは、窒素の力によって緑豊かにすくすくと育つ大麦の海の底にゆっくりと沈んでいった。

＊

祖父はめったに教会に行くことはなく、牧師のことを愚か者だと考えていた。しかし、蒔いた大麦の種がきちんと育つかどうか私が尋ねると、祖父は「神に祈ったほうがいい」などと言った。作物を育てることは、信仰にまつわる行為だった。すべてが失敗に終わるかもしれないという、きわめて現実的な感覚があった。種蒔き機がうまく機能していなかったかもしれない。鳥が種をすべて食べてしまうかもしれない。雨が続くかもしれない。寒すぎるかもしれない。日照りによって、育った作物が台無しになってしまうかもしれない。種が発芽したとしても、病気で枯れたり、害虫に食べられたりして、すべての努力が水の泡になるおそれもあった。日々のこの種の不幸が積み重なれば、冬のあいだの動物の餌が不足してしまうことになる。

前年、大麦を収穫したあとに悪天候が続いて充分に乾燥させることができず、湿ったまま保管された。干し草置き場の大麦は温まり、堆肥《コンポスト》の山のように発酵して湯気が上がった。真冬になって牛が餌を必要としたときには、ねばねばとした大麦からカビが生えていた。無理してでも食べるか、食べないで我慢するか、それだけだと父は言った。牛たちは苦々しげに大麦を見つめた。知り合いの全員がなぜ天気の文句ばかり言っているのか、私はそのころから理解しはじめた。私たちは天気の奴隷だった。

健康で、雑草がなく、豊かに作物が育つ畑を誰もがいつも望んでいたが、それは自然に生まれるものではなかった。実際に存在したとしても、ファーマーの意志と努力によって作られたものだった。神々は豊作というご褒美をくれることもあれば、ありとあらゆるやり方で私たちを苦しめることもあった。そのような厳しい生活が、たくましい人々を作り上げた。

＊

私たちは大麦畑の枕地を越え、ウサギの巣が点在する砂地の土手に行った。大麦の種を蒔いてから三、四週がたち、ウサギによる被害が目立つようになってきた。巣穴に近い生け垣から一〇メートル以内の範囲は、草が根こそぎに食べられて地面が剝きだしになり、実際の地表面より一〇センチほど深くまで掘られていた。祖父は早い段階からウサギについて「何か対処してくれ」とジョンに伝え、このままだと夏の終わりに収穫する大麦がなくなると嘆いた。

私がジョンの背中をいつも追いかけていたのは、彼が忍耐強く親切で、いろいろなことを教えてくれたからだ。ジョンは妻シーラとともに、大麦畑の下のほうにある公営住宅の一室に住んでいた。父さんは、酷な農業作業のせいでジョンは「へとへと」だと言った。彼は注意深く、真面目で、職人気質《かたぎ》で、どんな単純な作業にも誇りをもって取り組んだ。ものを作ったり直したりするのが得意で、レンガやブロックをまっすぐ正確に置くことに細心の注意を払った。余った鎖、針金、古い釘を使ってゲート用の美しい留め金を作ることもできた。

ジョンの家の裏の石炭入れのそばには、「ウサギ狩り」用のフェレットが入ったふたつのカゴが置いてあった。フェレットたちは、フライ・ベントスのパイの古い缶に置かれた餌を食べた。体が硬直した茶色いウサギが勝手口の扉に吊るされ、皮が剝がれるときを待っていた。ジョンは、前面の金網から指を入れないよう私に注意した。いったんフェレットが指に噛みつくと、なかなか放してくれないという。ジョンはカゴに腕を突っ込み、迷いなくフェレットの胴体をつかんで木箱に入れ、蓋を閉めた。それから革のストラップを肩にかけ、家の柵の穴を抜けて走りだした。私は、土についたジョンのブーツの足跡を踏んで追いかけようとしたが、なかなか距離感が合わず、一歩ずつ小さくジャンプしなければならなかった。七〇メートルほどさきに、ゆっくりとした流れとなって地面を這う大量のウサギがいた。たどたどしい波のような動きを繰り返し、ウサギは巣穴のまわりのイラクサの茂みへと戻っていった。

ウサギの巣穴に着いたジョンは、パズルを解くかのように穴を偵察した。イラクサを蹴り払って穴の入口を露出させると、いくつもある出口を一つひとつ塞いでいった。それから柔らかな白い糸でできたネットを取りだし、暗い穴のまわりにクモの巣状に静かに広げた。それぞれのネットのまわりには引き紐がついており、先端に取りつけられた手彫りの木釘がしっかりと地面に差し込まれた。ジョンは箱から一匹のフェレットを持ち上げ、ネットの下に滑り込ませ、手を交互に動かして穴の奥へと送り込んだ。そして、私たちは待った。ジョンの不安がひしひしと伝わってきた。フェレットが穴の奥の行き止まりにウサギを追い込んで獲物を殺し、戻ってこなくなることがあるのだ。彼は穴を掘り起こすために鋤《すき》を用意していた。フェレットの真の仕事は、ウサギたちのあいだにパニックを引き起こし、ネットへと追い込むことだ。ジョンはタカのような眼つきでネットを見つめた。二〇秒ほどたつとウサギが一匹逃げてきて、すぼまったネットのなかに閉じ込められた。引っかかったウサギは、大きく眼を開いたまま静かに横たわった。ジョンは両手でさっと体をつかみ、ネットからすばやく引き剝がし、骨がぽきっと折れる音がするまで首と後ろ足を強く曲げた。ウサギは身震いし、体をだらりとさせた。それからジョンが私の足元の草の上に投げると、ウサギはすぐに動かなくなった。彼はふたたび注意深くネットを設置した。二匹のウサギが、ネットが仕掛けられていない隠れた穴から飛びだしてきた。ジョンは悪態をついた。それからべつの二匹がネットに引っかかり、そのまま殺された。しばらくするとフェレットが穴から出てきた。捕まえられたフェレットは、ジョンの手の上でぐんにゃりと手足を投げだし、顔に小さく野蛮な笑みを浮かべた。フェレットが箱のなかに戻されると、私たちは半分破壊された畑を横切って家に戻った。ジョンの指のあいだから、三匹のウサギがぶら下がっていた。

＊

そのウサギを捕まえてから何年もあと、ローマ帝国の詩人で哲学者のウェルギリウスの作品を読んだ私は、自分の家族が古代の農耕牧畜の伝統に属しているのだと気づいた。ウェルギリウスはいまから二〇〇〇年まえ、『農耕詩』という好奇心をそそる短い本を書いた（原題 *Georgica* を大まかに訳すと「農業の（もの）」）。この本は、有能なファーマーになるための手引きの一種だといっていい。そのなかでウェルギリウスは、ローマのファーマーが利用することができた質素な道具（あるいは「武器」）を列挙する。プラウの刃、プラウ、ハロー、馬が引く荷車、脱穀板、馬が引く橇《そり》、鉄棒、囲い、箕《み》……。ウェルギリウスは、ファーマーはこれらの道具を使って地球上で「戦争」をしなければいけないと綴った。彼の農業哲学は、自分たちの知恵と道具を使って自然からものを獲得しなくてはいけないと説くものだった。それ以外の道は敗北と飢餓につながった。

故に、もし、農夫よ、堪えず熊手をふるって雑草を根絶やしにし、
鳥を脅して追い払い、大鎌で枝を刈って暗い土地の影をなくし、

祈りによって雨を呼ばなかったら、あわれや、おまえは、
他人の山の如き収穫をむなしく眺め、
飢えをしのぐため、森で槲《かしわ》の木を揺さぶることになるだろう。
（ウェルギリウス『牧歌・農耕詩』
河津千代訳、未来社、一九八一年）

子どものころはウェルギリウスのことなど何も知らなかったけれど、ウサギとの争いが終わりなき戦争のなかの小さな闘いのひとつであるとは感じていた。それは、私たちが闘わなければならなかった戦争、終わりのない闘争だった。

＊

農場の奥のほうから例の鳴き声が聞こえてきた。クラーク、クラーク、クラーク。私はその音とそれが意味するものを知っていた――死体の囀《さえず》り。私があとを追って野原を進んでいくと、祖父は、鳥たちがまわりの岩からひょいと降り、小さなイバラの木の下にある何かに飛びかかっているのを見つけた。彼は声をひそめ、悪態をついた。祖父は、羊を失うことが大嫌いだった。死んだ羊や、瀕死の羊にたいしてカラスがする行為が大嫌いだった。母なる自然は「残酷なクソばばあ」だと彼は言った。祖父の存在に気づいたカラスたちは有刺鉄線の柵に飛び移り、それから

近くのオークの木にとまってこちらの様子をうかがった。

　年老いた雌羊が横になって倒れ、脚をばたばたと蹴りだしていた。乳房炎にかかって乳房が腫れ、体内にも感染が及んでいた。おじいちゃんは、腫れた乳静脈から体内へと菌が入り込んでいったことを私に示した。回復する見込みはなかった。羊の顔には血がつき、つぶれたイチゴのような鮮紅色が白い羊毛の上にうっすらと広がっていた。カラスたちは、起き上がることのできない羊の眼をえぐりだした。生後一カ月の子羊が六メートルほど離れた場所から母羊の様子を眺め、それから牧草地を駆けていった。明日の朝、群れを囲いに集めてあの子羊を捕まえないといけない、と祖父は言った。しかし眼のまえでは、視力を失った母羊が痛み苦しんでいた。祖父は言葉を継いだ。おれたちがここを離れて家に銃を取りにいったら、戻ってきたカラスに羊は痛めつけられ、さらに苦しい思いをすることになる。

　私にうしろに下がるように彼は身振りで示し、ナイフを取りだして石の上で砥《と》いだ。それから雌羊の頭をつかみ、二度さっとナイフを動かして咽喉《のど》を切り裂いた。祖父が「すまん」と言った気がしたが、あまりに声が小さくてよく聞き取れなかった。血が噴きだし、開かれた首から草の地面へと熱い赤紫色の川が流れていった。雌羊は少し体を震わせ、脚をばたつかせ、それからゆっくりと最後の呼吸をした。彼女は死んだ。明日の朝に死体を引き取りに戻ってこよう、とおじいちゃんは言った。それまでにカラスも戻ってくるだろうが、もうこれ以上雌羊を苦しませることはできない。彼はカラスに向かって叫んだ。消え失せろ。あたかもその声に反応するように一羽のカラスが枝から舞い上がり、またすぐに戻ってきた。カラスと祖父は古くからの敵同士だった。それから数週のあいだに数々の悪行を目撃した私は、カラスにたいする祖父の憤怒を受け継いだのだった。

*

私の子ども時代は、誕生、生、死の無数のサイクルで満たされていった。祖父と過ごした日々は、動物の出産、健康維持、天候に耐えるための充分な餌の確保を手助けすることに満たされていた。ときに彼はじつに穏やかに振る舞い、やさしさと心配りに溢れた瞬間がたくさんあった。祖父は生まれたばかりの子羊を抱えて落ち着かせ、小さなピンクの舌から咽喉の奥にそうっと胃管を通し、胃に乳を送り込んで命を救った。しかし必要だと考えたときには祖父は断固たる態度をとり、残酷とも思える男になった。彼のなかには一種の厳しさがあり、それをみずから恥じることも不快に感じることもなかった。祖父にとって、死ぬことと殺すことは人生の一部でしかなかった。同時に、彼には強い倫理観があった。たとえ動物が翌日に解体される予定だったとしても、今日一日のあいだその命を守り、大切に世話をするためにできるかぎりのことをする。それが私たちの仕事だった。農場の動物をまっとうに心を込めて扱うこと以外はなんであれ恥ずべき誤りであり、人生、時間、努力を無駄にする行為だと考えられた。動物には生きるべきときもあれば、死ぬべきときもあった。殺すときに彼は、敬意をはらって迅速に、しかし感情を大きくあらわにすることなく実行した。個人的な感覚で死を見知る祖父は、テーブルに並ぶ肉について畏敬の念のようなものを抱いていた。ベーコンの皮にいたるまで、何も食べ残してはいけないと私たち家族は言いつけられた。作物を荒らすウサギをただ放置する愚か者や金持ち、あるいは必要なときに動物を殺すことを良しとしない高い道徳観をもつ人物ともし出会ったら、祖父はまちがいなく困惑していただろう。俳優が舞台に立つように祖父は自然のなかに存在し、自分の土地を守ろうとつねに闘っていた。彼は堕天使ではなく、発達した類人猿だった。

*

五月、大麦畑のまわりのサンザシの生け垣は白い花で覆われ、ミツバチがぶんぶんとまわりを飛び交う。雨が降ると、オーバーハングの下でツバメが狩りをした。牧草地では、雄牛が木の枝の下で背中を幹にこすりつけたり、陽射しを避けて日陰に突っ立ったりしていた。春の終わりにはやるべき仕事がたくさんあったが、おじいちゃんはそれを「良い仕事」だと言った。なぜなら、繰り返しの多い面倒な冬の日々の作業とはちがい、何かを成し遂げることができるからだ、と。私も、わずか数カ月まえまで行なっていた冬の作業が大嫌いだった。春になると、雌羊と子羊にはタグと識別マークがつけられ、断尾され、予防接種がなされる。この時期、私の父と祖父は雑用をこなしつつなんとか一息つき、冬のあいだのダメージを修復していった。

　そんな五月のある日、脱脂綿の雲が遠くのフェルへとまっすぐ流れていき、何もなくなった空に青が広がった。父は「羊の取引の様子をたしかめてくる」と言い、遠くの競売市に行った。祖父が「穴を塞がなきゃいけない場所がある」と言うので、私はついていった。いっしょに農場の端を進んでいると、自分たちの領土の境界線を歩く古代の部族のような気持ちになった。

　私たちは三つの区画を通り抜け、〈ロング・ナロー・フィールズ〉の麓《ふもと》まで下りていった。冬の荒天のせいか、羊が強く押したのか、いくつか石が緩んだところから石垣が壊れていた。石の一部は、はるか向こう側の土手の下まで転がっていた。私は言われたとおり、石をひとつずつ土手の上まで運んでいった。干し草用の牧草地に石をそのままにしておくと、機械に大きな損害を与えることになると祖父は言った。草刈り機が石にぶつかると、地雷を飲み込んだかのごとく飛び上がり、大きな音とともにガタガタと振動するのだ。くわえて、草が長く成長しすぎるまえに石を拾っておく必要があった。祖父はどの石が穴にいちばんうまく収まるのか、ジグソーパズルをするように試行錯誤を繰り返した。注意深く石を選別し、石垣のいちばん上の石を外して横に置き、良質な石を壁の両側に慎重に分けて置いた。それから石を置きはじめ、コケと地衣類で覆われた面が外側の端にくるよう丁寧に配置し、平らな表面を上に向けてさらに石を積めるようにした。

　足元の石のなかには、壊れた小さな陶製パイプや古い緑の瓶が置かれていた。私たちよりもずっと以前に、ほかの男たちが同じ作業をしていた証拠だった。祖父は、自分の祖父の話をした。彼がどのようにしてファーマーとして成功し、T型フォードを手に入れるまでになったのか。農場の雇われ農夫の誰よりも自分の娘が羊の出産の手伝いをうまくできたとき、祖父の祖父はご褒美として娘に金の腕時計をあげたという。さらに祖父は笑いながら、農場の地主の息子が起こした事件について話した。コンクリートミキサー車の運転手という〝まっとうな仕事〟に就いたその息子はある日、パブに立ち寄ったときに悪い輩と意気投合した。数時間後にぐでんぐでんになってパブから出たとき、裏の駐車場に流れでたコンクリートが固まっていたという。

祖父の物語は、私たちがどんな人間であり、どんな人間ではなかったのかにまつわる教訓に富んだものだった。自分たちが懸命に働いて繁栄させるべきなのは、石垣の内側にあるものだと祖父は私に強調した。自分の農場とそのなかに存在するものこそが、ファーマーが優秀かそうではないかを映しだす鏡なのだと彼は言った。もし農場で大麦、カブ、干し草などの作物が豊かに実り、生い茂った深い緑の草のなかで立派な牛や羊が放牧されていたなら、彼らは「有能なファーマー」だと判断された。しかし、土地の水はけが悪く雑草だらけで、石垣が崩れ、やせ細った羊や虫が湧いた牛がいたら、彼らは「負け犬」のような扱いを受けた。

一、二時間後、ようやく石垣のいちばん上の石を置いた祖父が、何かに気をとられているのに私は気づいた。石を持ち上げる代わりに彼は、草が不揃いに伸び放題の枕地へ視線を向けた。作業を続けていると、祖父は私の手に触れて動きを止めた。それから自分の耳に手を当てて、何か聞こえてくると合図してきた。「何?」と私はささやいた。祖父は口に指を当てた。牧草地の端の枯れた長い草の陰から、一匹のハリネズミが鼻を鳴らしながら出てきた。こちらの存在には気づかぬまま、細い脚にかぶさったペチコートを持ち上げて歩くビクトリア時代の貴婦人のように、とことこと小走りで近づいてきた。祖父の足元までやってくると、ハリネズミはいかにも無関心そうにクンクンと鼻を嗅ぎ、それからブーツのつま先を乗り越え、牧草地の端まで行って草むらのなかにまた消えた。私は満面の笑みを浮かべていた。おじいちゃんは少年みたいににこにこ笑い、パントマイムのように声を押し殺して言った。「あれは、家に洗濯物を持ってかえる途中のティギーおばさんだったにちがいない」

*

私の祖父の世界と思考の大部分は、王国の端にあるその石垣で終わった。向こう側は、ほかの人のものだった。隣人とのあいだには義務やつながりがあり、良識にもとづくルールを共有していた。互いに協力する瞬間はあったものの、この境界線の向こう側の土地で隣人がすることは彼らの問題だった。わが家の石垣、生け垣、柵は、自分たちの農業システムの核となるものだった。その存在によって、それぞれの土地の区画をさまざまな異なる方法で管理することができた。私たちの農場には三〇から四〇の区画があり、多くが小さなものだった。祖父にとっては、一つひとつの区画には個性にも近い特徴があった。それぞれの場所が、ある種の叙事詩を作り上げる一連の物語の一部だった。それらの畑の詩は、口承をとおして、そして進行中の仕事をとおして綴られていった。区画の特徴を知り、気まぐれさとニーズを知ることが必要不可欠だった。ある区画で何を育てることができるのか、できないのかを決めるのはその知識だった。特定の土地から生まれた収穫は、その土地の物語のなかに組み込まれた。たとえば、かつてないほど豊富な作物を与えてくれるという畑の話もあったが、それらがただの神話なのかどうかは私たちにはわからない。

おじいちゃんは、自身が〈カッスルバンクス〉と呼ぶ区画の砂っぽい土はほかの土壌よりも「食いしん坊」であり、肥沃にするためにはよく発酵した「ハル・マック」（藁を餌とする雄牛の藁敷きの小屋から出る最高品質の肥料のこと。糞の山《ミドウン》のなかにしばらく放置して腐敗させてから利用する）がたくさん必要になると言った。暖かな陽光が降りそそぐ〈ボトム・バンクス〉では、サッカーボール大の見事なカブが育った。〈エイト・エーカー・フィールド〉の粘土質の土では、雨の少ない年に豊富な作物が育ったが、低温や雨が続くと「不機嫌」になり、不作に陥ることがあった。それぞれの区画に人間の歴史があり、自然の起源があった。祖父は日々さまざまなことを教えてくれた。〈クオリー・フィールド〉のそばに垣根を築いた男たちのこと、〈レイルウェイ・フィールド〉の排水溝を掘った男たちのこと、さまざまな場所でファーマーらが負ったケガについて……。たとえば、〈メリックス〉で柵を造っていたバックル兄弟の話があった。

巨大なハンマーを兄が振り下ろすたび、支柱を支えていた弟は上に手を置いて揺らした。あるとき、何かに気をとられた兄が振り下ろしたハンマーが、支柱に置かれた弟の手を直撃してしまった。私はそういう物語が大好きだった。物語のおかげで、まわりのそれぞれの土地がある種の魔法のドラマのための舞台になった。

*

六月までに大麦は私の膝の高さまで成長し、風の強い日には銀緑色の波が畑いっぱいに広がった。しばらくのあいだ畑は人間の世話をそれほど必要とせず、私も学校のことで忙しくなった。ある朝、教会の横でスクールバスを待つあいだ、私はほかの男女の生徒たちといっしょに歩きまわり、石を投げ、松ぼっくりを蹴って遊んでいた。そのとき、牧羊杖を手にもった祖父が犬をしたがえてこちらに歩いてきた。羊の群れを牧草地に移動させ、農場に歩いて戻る途中だった。私がふざけて遊んでいるのを祖父に見られたことはわかっていた。それでも、ほかの子どもたちと同類だと思われたくなかったので、私は集団から少し離れた。同級生たちから距離を置いたのはまた、それからどんな展開になるのかを感覚的にわかっていて、あとになって陰で祖父が笑われるのがいやだったからかもしれない。祖父は立ち止まり、学校で何を勉強しているのか尋ねてきた。今日は惑星について学ぶ予定だと私は答えた。惑星のことはほとんど何もわからないが、太陽のことだけは知っていると祖父は言った。つづけて、村の上を通る太陽の弧が一年のあいだにどのように変化するか話しだした。彼は杖で南東の地平線を指し、一二月のいちばん昼が短い日に太陽が昇るところだと説明した。「あそこ、あそこから太陽が昇るんだ」。それから杖で頭上に小さな輪を描き、昼が短い冬の日々の太陽の進路を示し、季節によって変化する弧について説明した。農場の上を通る太陽の動きに合わせて体を移動させる祖父は、あたかも巨大な昆虫に変身したかのように見えた。何度も何度も頭上に杖で弧を描き、太陽がどのように通過し、それが大きな驚異に富んだものだと説明しようとした。私がその日の残りの時間を学校で無駄にするまえに、祖父は少なくともひとつだけ役立つ教訓を教えようとしていた。フェルの上をとおる彼の小さな軌道は、太陽が沈む北西で終わった。私の眼には、祖父は英雄のように映った。しかし、当時はその言葉こそ知らなかったものの、彼が〝時代錯誤《アナクロニズム》〟の象徴になりつつあることはあまりに明らかだった。べつの時代から来た男である祖父は、多くの人とは無関係な人間になっていった。

年上の少年たちは、かろうじて失礼にならない態度で学校鞄《かばん》が置いてあるほうに引き返していった。五メートルほど離れた場所にいるこの年老いた愚か者が、孫（と話を聞こうとするほかの人々）にたいしてなぜ日の出について解説しているのか、少年たちは不思議に思っているのだろう。どうしてこの老人は、いかれたスローモーションのサムライのように刀で空を切り裂く動きをしているのだろう、と。祖父がなぜこんな話を急にするのか私もよくわからなかったが、天空を時計にたとえる説明には心を奪われた。話しおえるなり彼は牧羊犬のベンの背中を撫で、無駄話している暇はないと言ってにやりと笑った。「学校で悪さをして罰を食らうなよ、せっかくの夏休みが台無しになるぞ」と祖父は言い、鼻歌を歌いながら通りのさきへと歩いていった。小さな赤いバスがやってきた。子どもたちはみな乗り込み、座席にだらしなく坐った。一、二分後、バスは公営住宅のまえに停まり、住人の子どもたちを拾った。丘の上へとつながる高速道路に、トラックの長い灰色の車列ができているのが見えた。一台のディーゼル機関車が煙突からシュッシュッと黒煙を上げ、線路を進んでいった。指の脂で汚れた窓越しに、雲の切れ目から昇る太陽が見えた。

＊

小学校の先生たちは善良で親切な人々だった。ブライアンという農場の少年は教師の許可を得て、学校菜園の一画で大麦を栽培していた。彼は、家の農場の評価がかかっているかのように丹精込めて大麦を育てた。休憩のたびにブライアンは雑草を抜き、かいがいしく畑の世話をした。夏休みの直前、教師に連れられて生徒たちが菜園のほかの区画を見学にいったときにも、ブライアンは自分の畑の横に誇らしげに立っていた。まわりに広がるのは、哀れなほど害虫に齧られたレタスの列、葉枯れ病によって萎んで死んだジャガイモの畝、元気のない細長いニンジン、雑草以外ほとんど何も生えていない見捨てられた悲しき区画だった。しかしブライアンが世話する一画では、腰の高さまで伸びた草がそよ風のなかで揺れていた。雑草ひとつない、銀緑色の大麦の完璧な畑だった。

＊

夏休みの六週間は永遠に続くかのように思われた。毎日午後（友だちと遊びにいったまま行方不明になっていないときには）、搾乳のために牛を集めるのが私の務めだった。自転車に乗ってペダルをこぎ、農場のいちばん急な坂道を左右に揺れながら上った。丘のてっぺんにたどり着くと、深呼吸し、あとは惰性で進むことができた。牛が放牧されるこの丘は〈バーウェンズ〉と呼ばれていた。隣の村に続く道路沿いに伸びる、囲いのない共有地《コモン・ランド》の凸凹だらけの一画だ。牛たちは仮設の電気柵のうしろ側にいた。鉄の支柱が約六メートルおきに地面に突き刺してあり、一メートルほどの高さのところに細いワイヤーがめぐらされている。支柱の先端には、絶縁用の渦巻き状のプラスティックが取りつけてあった。乳房を膨らませた牛たちは突っ立って待ち、尻尾を振ってハエを払い、早く解放してくれと怒りっぽく大声で鳴いた。私は錆びた配電盤の下に手を差し込み、ワイヤーに流れる電流を止めようとした。スイッチの近くに伸ばした手が、緊張で震えていた。配線の状態がひどく、ケーブルの中身が剝きだしになっているのだ。それまで何度も感電したことがあった。まちがって指がスイッチの一センチほど横にずれてしまうと、通電ワイヤーに触れて鋭い電気ショックを受けた。いちど、スイッチをオフにしたはずなのになぜかオンのままになっており、牛を牧草地から出そうと留め金を外すためにワイヤーをつかんだとき、電気ショックを受けたこともあった。ときどき牧羊犬が電気柵に向かっておしっこをしているあいだに感電し、銃で撃たれたかのように吠え声をあげて走って逃げることもあった。配電盤は何年もまえから壊れていたにもかかわらず、誰も新品に交換しようとは言いださなかった。壊れかけのものでなんとかする、あるいは直して使う、それが男たちの暗黙の信念《エートス》だった。私たちはそれを「間に合わせる《making do》」と呼んだ。

〈バーウェンズ〉は、背の高い草むら、白、ピンク、黄の野生の花、棘《とげ》のある紫のアザミ、ハリエニシダのまばらな茂みに覆われていた。半分利用され半分野生のままの空間で、当時は地域のいたるところに似たような土地があった。私の祖父はその土地で家畜を放牧するために、ふたりの異なる地主に同時に使用料を支払っていた。共同体の年長者らは、それが「行政教区《パリッシュ》」の土地であり、むかしからずっとそうだったと信じていた。つまり、ファーマーたちが共同で所有する土地だった。しかし、かつてこのあたりの農場を所有していた地元の元貴族の管理業者《エステート》はそれがいまも自分たちの土地であり、合法的に登記済みだと主張した。誰の主張が正しいのかはわからなかった。しかし、無用の騒ぎを避けることを是とする祖父は、両者の意見を尊重するほうが簡単だと言い、ふたりの異なる所有者の両方にわずかばかりの賃料を支払った。コモン・ランドの一画の草を牛が食べ尽くすと、祖父は鉄柵の支柱を掘りだし、まだ草が食べられていないべつの場所に放牧地を変え、もとの区画の草を回復させた。新しいエリアにはきまって、牛の膝の高さほどの草が生えていた。コモン全体のそれぞれの場所が異なる再生の段階にあり、それは多種多様な緑のキルトだった。牛がそのとき放牧されていた土地は、すでに草が食べられて地面の緑色は薄くなり、牛の糞が点在していた。踏みつけられた地面の上に残るのは、食べられないハリエニシダ、苦いボロギク、くわえて数えるほどのアザミとイラクサだけだった。

＊

その夏、ボロギクは憎むべきものだと祖父は教えてくれた。ほかのすべてのファーマーと同じように、彼もこの植物を忌み嫌った。聞けば、ボロギクには草食動物にたいする「毒性」があり、食べた牛が死んでしまうこともあるという。祖父にとってその黄色い花は、ある種の怠慢の象徴だった。ボロギクで覆われた土地は、質の悪い農業をとおして「ほったらかし」にされた場所だった。祖父は私といとこを呼び寄せ、ボロギクを「ノックバック」するよう指示した（この壮大な計画はいつも土曜日に行なわれた）。地面から一本きれいに引く抜くたびに、一〇ペンス支払うと祖父は約束した。また生えてくるから絶対に根を残してはいけない、と彼は強調した。刈り取られた雑草は一カ所に積み上げられ、最後に燃やされた。

私といとこは丘の上まで歩いていき、雑草を引き抜いた。やがて、コモンには黄色い花は一本たりとも見当たらなくなった。一生懸命働いた自分たちを誇りに感じ、祖父の期待も上まわったにちがいないと確信した。何か理由をつけて一時間かそこらでとんずらすると祖父は踏んでいたが、私たちは最後までやりとおした。緑色に染まった手はずきずきと痛み、そのあと何日も草のにおいが消えなかった。数百ポンド分の仕事はしたはずだと思っていたが、最終的な報酬は五ポンドで、それをふたりで分けることになった。祖父は、あとで焚き火に入れて燃やすために萎れた花の山を熊手でトレーラーに載せた。私は、牛を家に連れ帰るように言われた。

*

牛たちは、風の強い道路をのしのしと歩いていった。尻のあたりに黒いハエが集《たか》っていた。牛は尻尾を強く振り、鼻を脇腹のほうに動かしてハエをつぶそうとした。歩きながら牛たちは、草緑色の糞をジェット噴射のように道路に撒き散らした。アスファルトの上には、渦を巻いた糞がぽつりぽつりと落ちていた。路上でパンケーキのように焼かれた糞はやがて乾き、アスファルトの表面が剝がれて持ち上がった。私は糞を踏まないように自転車を進め、年老いた牛の歩調にペダルの動きを合わせてうしろからついていった。そよ風に葉が揺れる緑豊かな小道の上を、ツバメが行ったり来たりを繰り返していた。路肩には、白い花を咲かせたシャクが一メートルほどの高さまで伸びていた。祖父はその植物を「ケッシュ」と呼んだ。谷間はアニスシードのような芳潤な香りに満たされていた。丘の中腹には小さな森があり、そこには友人たちといっしょに造った秘密基地があった。すぐにでも遊びに行きたい気持ちだったが、牛を置き去りにするわけにはいかなかった。私と友人たちは、使われなくなって散らかったままの村の一角に秘密基地を造るのが大好きだった。古いタイヤ、テレビ、マットレスが捨てられたゴミ集積場にも秘密基地があった。生け垣のクラブアップルを〝食糧〟として収穫し、基地のなかに貯蔵した。勇気を出して齧りつくたび、あまりの酸っぱさに誰もがすぐに口をすぼめた。

*

丘の麓に下りたあと、牛はゲートを通り抜けて決められた囲いのなかへと歩くことになっていたが、途中で逃げだして共有緑地《ヴィレッジ・グリーン》のほうに進んでいった。農場の囲いにいた父がその様子に気づき、私を助けにやってきた。「ちょっとからかってるだけさ」と彼は大声で言い、怒鳴りながら群れの横を走り、長いプラスティックのパイプを振りまわして農場のほうに牛を戻そうとした。犬のラッシーも加勢し、一頭か二頭の牛の足首に噛みつき、すべての牛が囲いに入るまで吠え立てた。

それから数年のあいだに村はより中流階級になり、美しくなった。牛がヴィレッジ・グリーンの土を蹄《ひづめ》で掘り起こしたり道路を汚したりすることは、ほかの村人との緊張の原因になった。しかし私が幼いころには、雨が降ると牛が路肩をぐちゃぐちゃにし、道路に糞を撒き散らすと誰もが知っていたし、そんなのは当たりまえのことだった。私たちの農場には家畜用の水桶があった。数年前まで、村のファーマーたちはわが家の農場のなかに牛を連れていき、自由に水を飲ませていた。

＊

私の父は古いブーツのように頑健な男だったが、牛を愛していた。一、二年まえの一九八〇年代のはじめまで彼は、八〇頭の白黒斑の乳牛の群れを育てていた。肉づきのいい幅広の背中と頑強な脚をもつホルスタイン・フリージアン種だ。五月から一〇月までのおよそ半年、牛は野外の放牧地で過ごした。一一月から四月までの残りの半年は牛舎や納屋で暮らし、干し草で冬を堪えた。しかし父さんは、わが家のフェル・ファームのちょうど真んなかに売りだされた土地の購入資金を調達するために、愛する乳牛を売ることを余儀なくされた（私の家族はいままさにその土地に住んでいる。自宅に改築した納屋は、当時はフクロウとクモしかいない建物だった）。農場ののど真んなかの土地が売りだされることなどめったにないので、お金がないにもかかわらず父は購入するべきだと直感したのだ。

それでも、生まれてからずっと自分の農場の牛乳しか飲んだことがなかった彼は、市販の牛乳を拒み、それを哀れなものだとみなした。「水っぽく」「いじくりまわされた」ものだと父は言い、スキムミルクやセミスキムミルクのことを「鳩乳《ピジョン・ミルク》」と呼んだ。そこで彼は、ほとんど価値のない数頭の年長の牛を「自宅用の牛乳」と繁殖のために残した。搾乳は小型の電気器具を使って行なわれた。その「ユニット」（ミルク缶とほぼ同じもの）から出てくる牛乳は濃く、泡立ち、温かく、クリーミーだった。ユニットの内側はすぐに牛乳の黄色がかった脂肪で覆われた。どんなに頻繁にこすり落としても、きれいに保つことはできなかった。まわりの牧草地から牛といっしょに牛舎に入り込んできたハエが牛乳のなかに浮かんでいることも多く、黄色い泡のなかで脚をじたばた動かすハエをすくい上げる必要があった。停電のときには、手で乳を搾ってバケツに入れた。乳首から牛乳を勢いよく発射させ、バケツのなかに泡立った温かい牛乳を溜めるのが私は大好きだった。そのときに出る、何かを掘削するようなブクブクという柔らかい音が大好きだった。

父さんのお気に入りは人懐っこい顔をした黒いフリージアン種で、どんよりとした大きく黒い眼が、反芻するときにきらりと光った。彼はその牛を「オールド・ブラッキー」と呼び、「二〇歳くらい」だと言い張った。しかし何年たっても、その牛は「二〇歳くらい」のままだった。彼女は静かに「ミルクを搾らせてくれる」おとなしい牛で、誰が搾っても蹴ろうとしなかった。オールド・ブラッキーを愛するあまり父は、彼女の親友である「スノーウィー」も家に残した。しかし、スノーウィーは「完全なるあばずれ女」だった。いちど私は、牛舎の戸口でスノーウィーに蹄で思いっきり蹴られたことがあった。肋骨が折れていてもおかしくないほどの勢いだった。起き上がると、顔を真っ青にした父が言った。「この牛を売るか、おまえがもっと早く逃げる方法を学ぶかのどっちかだな」。荒々しい眼をしたスノーウィーは、尻尾を私にぴしゃりと打ちつけ、横っ腹にハエが集《たか》ると蹴り上げて攻撃した。「相手を支配しなきゃダメだ」と父は私に言った。彼は脇腹に全体重をかけて寄りかかり、スノーウィーが蹴ることができない体勢を作った。それから体半分を持ち上げるような姿勢にさせ、下のほうに躊躇なく手を伸ばし、ぷるぷると震える吸盤を乳首に取りつけた。毎年の出産時はさらに危険だった。出産後の一、二日のあいだスノーウィーは、子牛を見ようと近づこうとする人間にのべつまくなしに大声で鳴いた。子どもだった私も、近寄らないよう言いつけられた。数年前、母性本能に駆られて怒り狂ったスノーウィーは、生まれたばかりの子牛の横を大胆にも通り過ぎようとした農場の猫を殺した。コンクリート床の上で押しつぶされて死んだ猫の頭蓋骨から、眼が飛びだしていた。スノーウィーを飼いつづける理由は理解しがたかったが、父さんにはふだんから少しいい加減なところがあった。

＊

振り返ってみるとわが家の農場は、父や祖父が管理するために払った最大限の努力に抗おうとする多くの動物や場所でいっぱいだった。古い機械が置かれたままの、イラクサが胸のあたりまで生い茂る中庭の資材置き場《スタック・ヤード》。おとぎ話のなかの城のまわりにあるような、もつれたイバラの森。道路脇の閉鎖された採石場にあるその森では、茂みからウソの優美な鳴き声が聞こえてきた。ウソの大きく厚い胸は鮮やかなスモモ色だった。中庭のてっぺんにある朽ちかけた木々の幹は、引き抜かれずに放置されてぼろぼろに崩れ、赤アリの巣だらけになった。牛が放牧されるコモン・ランドの端には、ほぼ野生のままの汚らしい土地があった。大麦やオーツ麦の畑にもケシや雑草がまばらに生え、牧草地はアザミだらけだった。六月の終わりごろまでに、干し草用の牧草地には野生の花が咲き乱れた。

＊

祖父は〈ロング・メドウ〉に向かって歩いていった。自身の影と吹き飛ばされた露のあとをついてくるよう、彼はこちらに身振りで示した。干し草のための草刈りがはじまる直前、いっとき穏やかな時期が訪れていた。朝食のときに父は、隣人たちのように「とっとと草刈りをはじめるべきだ」と訴えた。それはいい考えとは思えないとおじいちゃんは反論したものの、あとで「少年といっしょに」様子を見にいくと約束した。牧草地に着いた祖父はツイード・ジャケットを石垣のうえに広げて置き、汗で汚れたメッシュのタンクトップ姿になった。腕は指先から肘のあたりまでが革のように茶色く、いつも着ているストライプの綿シャツの袖口あたりから上は乳白色だった（学校で町の子どもたちはこれを「ファーマー焼け」と揶揄した）。帽子を脱ぐと、青白い頭皮から生える髪の毛がぱたぱたとなびいた。青々とした草むらのなかに祖父は歩いていき、年老いたサギのように半分だけ体を折り曲げて牧草地から何かを拾い、それを何度も繰り返した。私は今日も何かを教わるのだとわかっていた。

一、二分たつと、扇風機の羽のように広げた草を手に祖父が戻ってきた。そろそろ草の名前を覚える時期だと彼は告げ、ひとつずつ指差して名前を言った。それは、私がしっかりと覚えるべきことだった。ヒロハウシノケグサ、ティモシー・グラス、イトコヌカグサ、カモガヤ、シラゲガヤ、ライグラス、オオスズメノカタビラ、ハルガヤ、オオスズメノテッポウ。それぞれの植物の種《しゅ》が優秀なファーマーに大切なことを教えてくれる、と祖父は言った。良質な草と植物は、その土壌に栄養と「管理」が行きわたっていることを意味した。とりわけ質の悪い「雑草」は、土地の状態が悪化し、養分が奪われ、土に還る以上の栄養を吸収していることを教えてくれた。祖父のざらついた老いた手の上でパタパタと揺れるウシノケグサの先端は、オーツ麦に似た小さな種《たね》の重みで酔っぱらいのように頭《こうべ》を垂らしていた。これを見ろ、頭にたたき込め、覚えろと祖父の顔は言っていた。ファーマーが知っておくべきことだ、と。しかし私は注意を払うことなく、上空の雲についてぼんやり空想に耽っていたので、草の名前は何年ものあいだ頭からすっぽり抜け落ちたままだった。

家に歩いて戻る途中に祖父は、干し草作りをはじめる段階にはまだほど遠い、とつぶやいた。父がせっかちだからという理由だけで、草刈りをはじめることはできない。例年どおりもっと遅い時期に草刈りをする、と祖父はつづけて言った。家にいた父さんは、おじいちゃんは過去の人間だと文句を言った。むかしのように作業するためには人手が足りず、いまはサイレージのほうが牛の餌には適している。「くそみたいな一九五〇年代」にまだいるかのようなやり方だ、と父は言った。

*

私は、ランドローバーの荷台に体を丸めて坐っていた。まわりの牧羊犬たちの唾液が、蠟燭《ろうそく》からしたたるように私の脚にぽたぽたと落ちた。土曜日、私たちは子羊の寄生虫駆除の作業をするために湖水地方の祖父の農場に移動していた。まえに坐る父さんとジョンはサッカーについて話しつつ、通りすがりの農場やその家族について短いコメントを交わした。

「こりゃ、きれいな農場だな」

「この人たちは、ストック雌羊を育てるのが最高にうまい」

「あいつ、男同士でベッドにいるところを見つかったらしい」

「お気に入りの雄羊を見つけると、あいつは競りで入札しつづけるんだ」

「なんて美しい雌羊だろう」

「この家、村の半分くらいの土地を所有してる」

「ありゃ、イングランド北部では最高の牛だ」

「あの人、仕事がないんだってさ」

「この農場はひどすぎる」

「賢い野郎だ。むかつくほど頭がいい」

私のまわりの荷台の上には、羊の餌の麻袋、柵の支柱、柵用の針金ロール、ハンマーと釘の入ったバケツ、数本の横木、羊のマーク付け用の桶が置かれていた。わが家のふたつの農場を行き来するには三〇分かかった。その年の夏まで農場間の移動は、緑がぼんやりと横を過ぎていくだけの時間であり、特別な意味は何もなかった。ところが農場教育が進むにつれて私は、道路脇の土地がなんたるかを理解しはじめた。当時はわからなかったものの、私の人生はその道のりを映しだす鏡そのものだった。フェルに行くことは、本来とは逆方向への移動であり、現代的なものから離れ、消えつつある伝統的な牧畜世界のひとつに向かう旅だった。

ドライブの前半、地元の町のそばの低地を車は過ぎていった。この地域の土地は改良され、農場はより大規模になった。それに合わせて農法も、成長の速い現代的な乳牛の群れ、大麦や穀物の広大な畑を利用するものに変わった。父親たちの会話から、これら大規模農場がより大きな利益をあげ、ファーマーもより裕福な生活を送っていることがわかった。私たちは彼らを半分羨み、半分腹立たしく感じていた。そこが平坦でより肥沃な土壌の良い土地であることを私はすでに知っていた。納屋や畑には大型トラクターやピカピカの機械が並び、巨大な納屋や牛舎の建設が進められていた。ピックアップ・トラックの前部座席での会話から私は、これらの山麓の低地農場が何かほかのものに変わりつつあることを感じ取った。大人たちの会話の内容をすべて理解することはできなかったものの、低地農場に何が起きているにせよ、その波がわが家にも迫っていることは明らかだった。父さんは、競争を率いるこれらのファーマーからどんどん後れを取っていることに焦っているのか、とりわけ神経質に見えた。私たち家族にとっては、そのような農法に切り替えるための資金を手に入れることなど土台無理な話だった。

それから、灰色の工業団地、巨大な飼料工場、鶏肉の内臓処理工場、高速道路のジャンクションが建ち並ぶ町はずれの環状交差点《ラウンドアバウト》を左に曲がり、西の湖水地方のフェル地帯に向かった。曲がりくねった坂道を上がっていくと、とりわけ豊穣な土地が広がる地域を通り抜け、やがて祖父の農場がある谷につながる小さな道路にたどり着く。その谷は、湖水地方のはじまりを示すふたつの丸いフェルのあいだにひっそりとたたずんでいた。車は、草木が伸び放題の生け垣や銀色の石垣に囲まれた小さな牧草地のあいだを縫うように進んだ。まわりの荒れた放牧草地は、沼地の谷底から森林地帯、さらにそのさきの野生に近いフェル中腹へとつながっていた。これらの牧草地は、伝統的な方法で耕作されたタイムカプセルのようなものだった。

＊

祖父と時間を過ごせば過ごすほど、彼が所有するフェル・ファームがほとんど〝改良〟されていないことに気がついた。信じがたいほど美しい場所だった。知り合いのなかで誰より冷淡で理性的なファーマーでさえも、その美しさについて言及せずにはいられないほどだった。祖父の時代遅れの農場は、見たもの全員に魔法をかけるような場所だった。私の父にとっての問題は、熟練した男女の小さな集団によってかつて行なわれていた作業が山ほどあり、さらに彼らが姿を消しつつあるということだった。祖父が歳をとるにつれて父は、ふたつの農場を同時に運営することに忙殺されるようになった。父は両方の農場を行き来しながら、あたりが暗くなるまで羊の毛を刈り、つぎの日の早朝から牛の乳を搾り、遠くにある借り農場に大急ぎで行って雄牛の世話をし、夕食を貪り食い、大麦畑に殺虫剤を撒き、また戻って牛の乳を搾り、羊が逃げだした囲いを修理した。あまりに過酷な日々だった。何が変わってしまったのか、同じことを続けるための闘いがどれほど不毛なものだったのか、父さんがはっきり理解していたのかどうかは私にはわからない。ジョンもまた歳をとり、より軽い作業を担当するようになった。数カ月後に彼が地元の建設会社で雑用係として働きだすと、その隙間を埋めるために母と私が召集されるようになった。

三〇年まえには毎年六月か七月になるたび、五、六人の男たちがシャツの袖をまくり上げ、大鎌をもって畑に繰りだし、アザミを殲滅した。いま残っているのは、大鎌をもつおじいちゃん、トラクターを動かす父さん、小鎌をもつ私だけだった。羊と牛はアザミを食べないため、アザミが繁茂した土地で放牧することはほぼ不可能だった。アザミが成長するのは、自然が土地を取り戻そうとするプロセスのひとつだったが、それによって農業をすることが絶望的なほどむずかしくなった。アザミは牧草地を台無しにした。

起伏が激しく石だらけで作物の植えつけができない土地、トラクターが侵入できない急すぎる土手や縁《へり》は永年牧草地として使われ、ここでアザミの海が胸の高さに達するほど成長した。畑の文明化された一画をトラクターが一掃するあいだ、祖父と私は手でアザミを刈り取るという作業を担当した。

*

祖父は数分おきに立ち止まって一息ついた。作業によって草むらから飛びだしてくる虫を狙い、ツバメやアマツバメが上空で行ったり来たりを繰り返していた。ツバメは私の左右どちらかをジェット戦闘機のように通り過ぎ、頬で感じられそうなほど近くで羽をばたつかせた。

祖父は青灰色の砥石《といし》に唾を吐き、それから大鎌の刃の弧に沿ってこすりつけて砥いだ。ざらざらした刃先の表面がギーギーと音を立てると、金属が生まれ変わったようにピカピカになり、鋭くなった。祖父が刃に指をそっと這わせるのを見て、私はびくりとした。こちらの様子に気づいた祖父はにやにやと笑った。肉切り包丁並みに鋭くなったと満足すると、彼は砥石をポケットに戻し、また大鎌での刈り取り作業をはじめた。伝統的な作法にしたがい、祖父は体に巻きつけるように柄をねじった。軽々と鎌がまわされると、そのたびに一五センチほどの幅のアザミが刈り取られた。ときおり隠れた枝に弧状の刃が引っかかって大鎌を振るリズムが狂うと、祖父は悪態をついた。シャツはアザミの棘だらけになり、大鎌の刃はアザミの液汁に濡れて緑色になった。六メートルほどさきで一羽のゴシキヒワが、ギザギザとしたアザミの紫の花にちょこんととまって前後に揺れていた。アザミの冠毛をくちばしで引き抜くと、小さな金色の翼帯《よくたい》に陽光があたって光り輝いた。私は、「スラッシャー」と呼ばれる小鎌を振りまわした。シュッ、シュッ、シュッ。アザミが刈り取られるたび、手でつかんで両肩越しにうしろに放り投げた。首は汗に濡れ、冠毛がくっついてむず痒かった。腕と首は陽焼けして茶色くなった。伸ばしっぱなしの私の髪は、映画『ジョーズ』のなかで砂浜で遊ぶ子どものように陽に焼けて白茶けていた。小鎌の木製の柄があたって親指に水膨れができた。一回の振りであまりに多くのアザミにぶつかると、刃が引っかかって止まり、手首がねじれて痛みが走った。畑の向こう側にいる父は、後部に「牧草地用トッパー」を取りつけたトラクターを動かしていた。トッパーの下で旋回する二枚の刃がブンブンと振動し、地上から七センチほど上にあるものを片っ端から切り落とした。ときどき機械が石にぶつかるとバリバリという金属音が響き、トラクターの運転席の窓の奥から罵り言葉が聞こえてきた。

一九四〇年代に耕作をはじめたとき、この土地がどれほど痩せていたのかを祖父はよく語った。アザミ、壊れた柵、落ちたままの石だらけの場所だった。何十年にもわたって作業を続けた結果、土地はやっと「元気」になった。しかし実際のところ、闘いに勝ったわけではなかった。一カ月後、刈り取ったアザミの多くはふたたび成長し、また種を飛ばした。

*

八月、大麦の色が変わりはじめ、ゆっくりと熟して黄金色になった。ひげの生えた銀色の穂先は、乾くにつれ地面のほうに垂れていった。祖父は大麦の穂を両の掌《てのひら》でこすり、穀粒だけを取りだした。それから一粒をつまんで口に入れて噛み、私にも真似するように言った。熟すまでのあいだ、粒はどろどろとした乳白色の液体で満たされていた。しかし、何日かのあいだに陽光にさらされて乾くと穀粒は硬くなり、祖父が歯で噛むだけで鑿《のみ》を使ったようにぱっくりと割れた。それから祖父は、ふたつに割れた粒をそっと掌の上に吐きだし、穀粒のなかにぎっしりと粉が詰まっているのを私に見せた。それが、作物の収穫の準備が整ったことを祖父に知らせるものだった。人生ではじめて私は、作物にたいする一種の誇りを感じた。なぜならその作物を育てるのを私自身が手伝い、この段階にたどり着くまでにどれほどの労力と信念が注がれてきたのかを知っていたからだ。数日後にスクールバスがその小道を通ったとき、大麦畑の上に野蛮な黒い斑点が見えた。その正体を知っていた。私の心は沈んだ。

*

父が生け垣に沿って進み、銀灰色の砂埃に葉が覆われた木々の横を過ぎ、畑のほうにどしどしと歩いていった。直後、すぐさきの畑にカアカアという鳴き声がこだまし、上空でカラスの大群が渦を巻くように飛び交った。カラスは案山子《かかし》――父さんのウェディング・スーツを着せて藁を詰め込み、干し草の梱包用の紐で手首を縛った人形――を無視した。さらに、数日まえに父が設置したカラス撃退装置も無視した。カラスはどこまでも利口な動物であり、そのような罠には引っかからなかった。強欲なカラスたちは作物の隙間に羽を打ちつけ、熟した穀粒を盗んだ。その日の父さんが考えた作戦は、二羽のカラスを撃ち殺し、畑に作った仮設のさらし台に吊るし、ほかのカラスを怖がらせて作物が破壊されるのを防ぐというものだった。

父は、撃鉄を半起《ハーフコック》こしにした一二番径の散弾銃を肩に下げていた。弾薬はポケットに詰め込まれていた。父は私に向かって、腰の高さまである大麦畑のなかを何も言わずに静かについてくるよう身振りで指示した。こちらに気づいた一握りのカラスに父が罵声を浴びせると、警告するようにカアカアと鳴きながら飛び去っていった。父は畑を静かに進み、生け垣と丘の肩に隠れてカラスから見えない場所を歩いていった。ざわざわとした、無秩序で、不快な騒々しい鳴き声は、カラスがそう遠くないところで饗宴を愉しんでいることを意味した。さらに近づくと、カラスがいっせいに飛び立って空を黒く変えた。何百羽ものミヤマガラス、ハシボソガラス、ニシコクマルガラスが漆黒の烏合の衆と化して空を埋め尽くし、パニックになって四方八方に乱れ飛んだ。それでも、こちらから九〇メートル以内の範囲から外に出ることはなかった。私は大麦のなかに身を隠し、父のうしろにうずくまっていた。父は銃身を空に向かって突きだした。しかし、これは完全に時間の無駄だと彼は言った。カラスはただ上空を旋回し、畑の反対側にある数本のナナカマドの木にとまり、私たちがいなくなるまで嘲り笑うだけ。それからカラスはまた邪悪な饗宴をはじめる、と父は説明した。しかし、ミヤマガラスの一部は図々しくもすぐに大麦畑の上空に戻り、脅威が迫っていないか空をたしかめた。私たちがどこに隠れているのか、カラスは気づいていないようだ。父さんはその場でじっと待った。空気は緊迫していた。カラスの羽ばたき以外、音は何も聞こえない。二、三個の黒い点がはるか頭上のほうに近づいてきた。一羽目はあまりに高いところを飛んでおり、殺すのは不可能に思われた。けれど父さんは、私の脚を押しつぶしてしまいそうなほどうしろに身を反らし、体をこわばらせた。黒い点は羽を大きく広げてゆっくりと動いていたものの、位置が高く、小さくしか見えなかった。父は引き金をそっと引いた。銃の反動による激しい振動が私にも伝わってきた。弾を発射したあとも父は銃を空に向けたまま、上部に取りつけられた小さな照準器をのぞき込んでいた。あたりにはコルダイトのにおいが漂った。つぎの瞬間、鳥の体が丸まって小さくなり、そのまま空から落ちてきた。私たちが隠れていた場所から一メートル半ほどまえの骨のように固い地面に、柔らかなドスンという音とともにそれは着地した。地獄のごとき大混乱が起きた。カラスはいま、私たちが散弾銃をもってそこに隠れていることを知った。畑から空気を吸い込む暴風のように、カラスたちは一目散に逃げだした。

父さんは立ち上がり、カラスのせいで惨憺たる状況になった大麦畑を見やり、悲しそうに息を吸い込んだ。二エーカー以上の区画がぺしゃんこになっていた。象の群れに踏みつけられたかのように、茎が折れて横たわっていた。どこもカラスの白い糞まみれで、大麦のあいだに黒い羽根が散乱していた。父さんがこれほどの射撃の名人であることが誇らしかった。私たちは、死んだミヤマガラスをナナカマドの木のいちばん下の枝に吊るした。赤い干し草用の糸を片方の脚に縛ってぶらさげると、死体はひょいひょいと揺れた。

＊

その年の八月の終わりに農場にやってきた「コンバインの男」は、カラスの被害について縷々《るる》と話しつづけて父を苛立たせた。シラミだらけのカラスがいまも、遠くのナナカマドの木からこちらに向かってカアカアと鳴いていた。多くの小規模農場と同じように、わが家にはコンバインを購入する余裕がなかったため、地元の農機具業者に頼んで収穫作業員を派遣してもらった。その巨大な赤い機械は小道をガタガタと進み、黒い排気ガスの雲をポッポッと吐きだし、枝を押し倒していった。車体後部には、独立したリール——トレーラー用の小さな車輪付きの回転式熊手——が取りつけられていた。路上の出っ張りにぶつかるたび、その装置がショッピングカートのようにガチャガチャと音を立てた。ひげを生やした顔に不機嫌そうな表情を浮かべてコンバインを運転するのは、地元の由緒正しい農家の末っ子だった。収穫が終わった区画から父が私を呼び、コンバインに乗って作業を見学しろと言った。運転手の脇に体を押し込むと、サイドブレーキが尻に食い込んできて心地悪かった。コンバインが畑を進むと同時に、巨大な回転リールによって大麦がかき集められ、数十本の小さな鋸歯状の三角形の刃の上へと押し込まれ、地面から一〇センチほどの高さのところで根から切り落とされ、風車のような回転シリンダーによって機械の中心部へと送られた。コンバインが通り過ぎたあとの地面に残った刈られたばかりの切り株は、すっきりと新鮮に見えた。人間の腰ほどの高さの麦藁がつぎつぎとコンバインのうしろに落とされ、畑を列に分けていった。運転席のうしろには、穀物を入れるための巨大なタンクがあった。ガラスのパネル越しに、大麦の茎が切り落とされ、穂だけが振り落とされて穀物が流れていく様子が見えた。

コンバインが砂埃を巻き上げながら畑をまわると、大麦はみるみる消えていった。四五分おきに父がトラクターに乗って畑に戻ってきて、コンバインの横に穀物用トレーラーを置いた。コンバインは巨大な赤いアームを伸ばし、内部に溜まった穀物をトレーラーのなかにすべて吐きだした。地面は固く、凸凹した枕地では車体がひどく揺れた。コンバインの男は顎ひげをときどき引っかき、首のネックスカーフを緩めて砂埃を払った。眼の下に隈《くま》があり、上着のポケットには巻きタバコのパックが押し込まれていた。テントウムシが彼の腕を這っていった。コンバインの表面はどこも、七センチ以上もの厚さの埃ともみ殻で覆われていた。畑を進み、まだ刈られていない作物を少しずつ減らしていくと、ときどきウサギが飛びだしてきて生け垣のほうに逃げた。すると運転手の犬が畑の下のほうに駆け下りていき、刈り株のさきでウサギを捕まえた。

コンバインの運転手はケシやアザミを見ては悪態をつき、おまえの父親が農薬を散布しておくべきだったと私に言った。それまで働いてきた現代的な農場に比べてここの作物は「きれい」ではないと彼は言い、私の祖父は少し時代遅れだとまくし立てた。いまでは雑草は駆除できるようになり、あえてそうしない理由は何も存在しない。ある友人ははるかに大型のコンバインを使っているが、ここのような小さな畑では利用できない、と運転手の男は続けた。ゲートの幅を広げ、生い茂った古いイバラの生け垣の一部を刈り取り、畑を大きくするべきだ。形や高さが不揃いなこのような小さな土地に未来はない。木の枝に引っかかれてコンバインの塗装に傷がつくと、運転手は激昂した。彼に言わせれば、わが家の農場のすべてがまちがっていた。私は怒り心頭だったが、何も口にはしなかった。あとでこの話を祖父に伝えると、そういう「現代化の話」は全部でたらめだと言った。コンバインの男がそれほど利口なのだとしたら、なぜ彼は人に雇われてコンバインを運転しているだけなのか？　私たちはこの土地を利用し、必要なものをできるだけ自分の手で生産しなければいけないと祖父は言った。そして、家畜のためには大麦と藁が必要だった。農場の大麦の刈り株畑は、冬の真っただなかに糞を撒き、動物から土地に恵みを戻すための場所だった。

父親のトラクターに乗り、小道を抜けて自宅に戻った。うしろのトレーラーには、三、四トンの大麦が積まれていた。古いトラクターのブレーキの利きが悪く、とくに急な斜面を下りるとき、父は緊張した面持ちでブレーキを強く踏み込んで「暴走状態になる」のを防いだ。納屋に着いてトレーラー後部の制御弁を開くと、大麦はコンクリートの床の上に流れていった。

父は、自動オーガー（アルミニウムのパイプに包まれたモーター駆動のスクリューポンプで、穀物を納屋の上部へと運び込むために使われる）の下部に向かってトレーラーを傾けた。それから彼は膝まで穀物の海に脚を突っ込み、シャベルを使ってオーガーの開口部に流し込んでいった。流砂の上に立っているかのようにすぐに沈み込んでしまうため、数秒おきに父は脚を持ち上げ、また表面を踏みなおす必要があった。人間の脚は、そのような動きをするために作られたものではなかった。父は汗をかいていた。眼のまえでは、見えない力によって導かれるかのごとく大麦の粒が吸い込まれていった。その渦巻きは、父を含めたほかのすべてのものを下へ下へと吸い込んでいった。何トンもの穀物、藁の房、テントウムシが呑み込まれ、かきまぜられながら筒のなかを上へと進み、屋根裏の干し草置き場に吐きだされた。あたかも父が巨大な砂時計のなかに立ち、足元の砂が流れ落ちているかのように見えた。それは不吉で、体力を奪う作業だった。機械は勢いよく動きつづけ、父がシャベルいっぱいの穀物を開口部に移動させても、二、三秒の猶予しか与えてくれなかった。機械はつねに空腹で、さらなる穀物を求めた。子どもの私は、離れているよう言いつけられた。トラクターのうしろから動くな、危険だからオーガーには絶対に近づくなと父は命じた。その機械には、人の血肉など歯牙にもかけようとしない残酷な力があった。知り合いのあるファーマーは、似たような機械に吸い込まれて両脚を失った。脚の肉は引き裂かれ、基部がむきだしになった。しかし彼は早々に退院し、作られたばかりの義足をつけ、強壮な男のように自分の農場でまた働きはじめた。

最後の大麦が運ばれたあとの刈り株畑は、午後の陽光に照らされて輝いていた。数日後、藁は梱《こり》にされ、冬のあいだ牛が生活する納屋の上にある屋根裏に置かれた。

少年だった私の眼には、大麦畑での作業が終わるとともにサイクルが完了したように見えた。しかし、祖父がそんなふうに考えることはなかった。栽培と収穫は、大麦と藁で家畜に餌と寝床を与えることに忙殺される暗い数カ月への序章にすぎなかった。冬のあいだにその藁は、牛の寝床として使うために屋根裏の床の穴から放り投げられた。

その年の秋のある時点で、家の外に出て働けと誰からも指示されなくなったことに気がついた。私は自分から進んで働くことを選んでいた。

＊

収穫祭。私たちは学校から教会までぞろぞろ歩き、「われら耕し種を蒔《ま》けど」などの賛美歌を歌った。一年のなかでいちばん大切なイベントのひとつだった。教会には、若いキリストが描かれた刺繡飾りの旗が掲げてあった。明るいブロンドの髪をたくわえ、若いアングロサクソン人として描かれるキリストの足元には、彼が与えた穀物を食べる小鳥がいた。その夜、村の集会所で恒例のオークションが開かれた。あたりが暗闇に包まれるなか、地域の住民たちが懐中電灯をもって農場や家から歩いてやってきて、奥の小さな部屋に全員が集まった。女性たちは紅茶を淹れ、サンドイッチ型ビスケットやピンク色のウエハースを配った。ファーマーたちは、天気、冬を越えるための充分な収穫はあるか、あるいは羊の販売の調子について語り合った。幹線道路のさきに住むファーマーにまつわる噂話も聞こえてきた。乾燥した日を逃してしまい、収穫を無駄にしてしまったという話だったが、当の本人はそこにはいなかった。そのファーマーは農業大学を出た新参者であり、村人たちは彼の無能さに大喜びした。

子どもたちは隣の大部屋で鬼ごっこをして走りまわった。壁に吊るされたタペストリーは、村の学校の生徒たちが一〇年まえに作ったもので、そのなかには地域のすべての農場の風景と土地の名前が描かれていた。部屋の奥では、牧師の妻がオークションに出されるすべての品を整理していた。架台式《トレッスル》テーブルには、女性たちが手作りした（あるいは頂きものの）食べ物が隙間なく並んでいた。大麦の束の形をした美しい黄金色のパン。たいてい高値がつく袋入りの自家製ファッジ。作り立てのジャムやマーマレードの瓶。食器棚の奥から引っぱりだされてきたパイナップルの缶詰や缶入りスープは、いつも不人気だった。オークションのあいだ私たちは手を打ち鳴らし、買えるものを購入した。その夜は父さんが競売人役だった。オークションが終わると牧師は、新しい日曜学校の教室にみんなを連れていこうとした。ところが、私のおばあちゃんのジンジャーブレッドをむしゃむしゃ食べることに夢中で、誰も牧師の話を聞いていなかった。

＊

農場の家のおばあちゃんの台所は、毎年秋にジャム工場になった。「男子厨房に入らず」を地で行く祖母だったが、私はまだ「男の子」の扱いだった。その日の農場では私にできる仕事がほとんどなかったので、手伝いと学習のためにジャム作りに召集された。おじいちゃんが運転する車で谷沿いを進み、数キロさきにある小道に行った。不揃いに伸びたブラックベリーの生け垣に挟まれたそのあたりは、おばあちゃんのお気に入りの収穫場所だった。祖母は膝丈の茶色のスカートの下にウェリントン・ブーツを履き、厚手のキルト・ジャケットを羽織り、頭にヘッドスカーフを巻いて顎の下で結んでいた。近視の眼には、分厚い瓶底眼鏡。私の役目は、タッパーウェアの入れ物を果物で満たす手伝いをすることだった。おじいちゃんはあとで戻ってくると言ってその場を去った。「冬のあいだの羊の世話について」相談するためにいとこの家に行く用事があるという。私と祖母は一キロ弱ほど「ロニン」（小道《レーン》を意味する地域の方言）を上がっていった。そこは、羊や牛がフェルと谷間の農場を行き来するために使われる古道だった。私たちは坂を上がり、葉が色褪せたナナカマドの木立から離れていった。上にそびえるフェルは、冷たく、ワラビのような茶色に染まり、いかにも秋らしく山肌が剝きだしだった。しかし眼前の牧草地は濃い深緑色で、何キロもさきまで続く谷が見渡せた。まわりの空気から、売りに出される雌の子羊の洗浄に使われる「パール・ディップ」のにおいがした。

　小道の両側にはイバラとブラックベリーが生い茂っていた。すぐに目的の場所にたどり着くと、祖母は入れ物を地面に置いた。複雑にもつれた棘だらけの蔓《つる》は、熟したブラックベリーで真っ黒だった。実を摘むとき、棘がチョークのように腕を引っかいた。三、四個のブラックベリーを摘むたび、私はひとつを口に入れた。そのあいだ、おばあちゃんは自身の「ママ」と果物を摘んだときの話をしてくれた。小道を歩いて戻るころまでに、入れ物は果物でいっぱいになった。祖父が車のなかで寝ながら待っており、車内のヒーターのせいで窓が白く曇っていた。

　家に戻ると、おばあちゃんは猛スピードであれやこれやと鍋に入れ、かきまわし、温度計を用心深くたしかめた。やがてジャム用の真鍮鍋の中身は襞《ひだ》状の濃い溶岩のようになり、ぶくぶくと泡立つ果実のにおいが室内に立ち込めた。祖母はここ数日のあいだに妹やいとこと数キロ離れた

〝採り放題〟の果樹園に遠征に出かけ、イチゴ、ラズベリー、レッドカラント、スモモをカゴいっぱいに持ち帰ってきた。祖母は冷凍庫を開け、自分で採ってきた果物と庭で育てた果物を取りだした。生け垣で摘んだグーズベリーもあれば、庭で育てたルバーブもあった。祖母は庭の自分の果物の茂みを守るために、クロウタドリやツグミとの大音量のフライパンたたき戦争を繰り広げることもあった。ジャムとして使えないものは、パスティーの具材として金属プレートの上で焼かれた。

果樹園のリンゴ、セイヨウナシ、スモモは冬のあいだに使うために来客用ベッドの下に保管された。果物は一つひとつ、広げられた新聞紙の上に互いに触れないように並べられた。おばあちゃんは難儀そうにベッドの横にかがんで新聞紙を引っぱりだし、掌の上で果物を注意深くひっくり返し、腐ったりカビが生えたりしていないかたしかめた。悪くなりそうなものはすぐに調理された。冬の凍てつく寒さの日に家に戻ると、食卓には熱々の料理でいっぱいの皿が並び、食後にはクイーンズ・プディングやアップルパイのカスタードソースがけが出てきた。

農場で育ち、収穫され、飼育されたものを料理にする達人、それが祖母だった。彼女が作るほぼすべてのものが、自家製の旬の食材を使った地元料理だった。肉、ジャガイモ、野菜、果物、ベリー類は保存食やチャヤットニー（チャツネ）になった。ときどきオレンジやバナナなどが購入され、ポテトチップスの袋がいくつか「お酒の棚」に置かれることもあった。それをのぞけばいつもシンプルな伝統料理が食卓に並び、みんなでそれを愉しく食べた。おばあちゃんは何が食べたいか訊いたりしなかった。ほかの家族に献立の選択権などなかった。

祖母は、見知らぬ誰かが工場で作った食べ物を買うことも、調理することも、信用することもなかった。神がモーセ（あるいはモーセ夫人）に伝えたかのようなスケジュールにしたがって彼女は調理し、それは厳格に守られた。一週間のメインとなるのは日曜の夕食だった。よく火のとおった牛の塊肉のことが多かったが、子羊のもも肉や豚の肩肉が出てくることもあった。肉に少しでも血の残りや生焼けの部分があると、それは危険なヨーロッパ本土の料理だとみなされた。肉はしっかりと中心部まで調理される必要があり、ジャガイモもこんがりとなかまでローストされた。すべての食事にはジャガイモが添えられた。ジャガイモは毎週月曜日に皮を剥かれてボウルの水のなかに落とされ、一週間そこにとどまり、必要に応じて取りだされてマッシュされ、茹でられ、拍子木切りにされ、ソテーされ、揚げられ、炒められ、ローストされた。〝残り物〟はふたたび調理された。冷たくなった牛肉は、その週のあいだサンドイッチの具材として使われた。私たちは農場の羊や牛を牛舎で殺し、梁《はり》に吊るして血をバケツに注ぎ込み、皮を剥ぎ、台所のテーブルの上でのこぎりと数本の包丁で切り分けた。一般的な肉片だけでなく、牛の尻尾、舌、内臓まですべての部位が使われた。血までもが、ブラック・プディング（家畜の血液入りソーセージ）の具材として使われた。

毎週木曜日の夜、地元のパン屋からおばあちゃんの注文の品が届けられた。運転手はきまって家に立ち寄り、紅茶を飲みながら自家製ジンジャーブレッドを食べ、祖父と競馬の情報を交換した。火曜日に精肉店のバートが家にやってくると、祖母は調理済みの冷製ハムやたまにソーセージを買った。概して祖母は市販の食べ物を高く評価せず、お金を捨てるも同然だとみなした。記念日か何かの特別な日にいちどだけ、祖父母とともにレストランに行った記憶がある。横柄な態度のウェイターが皿のカブを「スウィード」（「ルタバガ」「スウェーデンカブ」とも呼ばれる根菜類で、カブとは別種）だと説明すると、父が口喧嘩をはじめた。おじいちゃんもこれはまちがいなくカブだと主張し、あのウェイターはマヌケだと言った。

おばあちゃんはときどき猛烈に家事に打ち込むことがあり、それは何かほかに心配事があることを意味した。あとで聞いた話によると祖母は、祖父がべつの女性を妊娠させたときに離婚しようと決意したことがあったという。子ども時代を過ごした実家に戻ろうとしたものの、祖母の父親がそれを拒み、夫のもとに戻るよう窘《たしな》めた。自分で決めたことは最後までやりとおさなくてはいけない、と彼らは祖母を説得したという。

*

母さんの人生は、おばあちゃんのものとはちがった。母は牛舎で懸命に働き、牛に餌をやり、小屋を掃除し、つい最近まで農場で雇われていた農夫たちが担当していた仕事をこなした。そして農作業用ブーツを脱いでから一〇分後には、食事を用意して食卓の上に並べなくてはいけなかった。母は農作業のほうはそこそこ愉しそうにやっていたが、果てしなく続く単調な家事には嫌気がさしていたようだ。母が外で農作業をしているせいで主婦業をおろそかにしているのを、祖母は完全にまちがったことだと考えていた。女性を家に残し、やるべき仕事をさせる。それが祖母にとっての一人前の男の姿だった。

*

両親はいつも金欠状態だった。中古のトラクターや錆びついた納屋の屋根から、私はそれを感じ取ることができた。故障続きの古い機械も、新しいものに交換されることはなかった。さらに、それは舌でも感じられた。食卓に出てくるのは、延々と煮込まれた挽肉入りシチューばかりだった。マッシュポテト、グリーンピース、ニンジンが添えられた健康的な自家飼育の牛や子羊の肉が出てくることに、私としては感謝するべきだったのだろう。が、できなかった。大嫌いだった。食事中に玄関ポーチに立ち、湿った段ボールのようになるまで肉を嚙みつづけたことが幾度あっただろう。父さんは「出された食事を食べないのは恩知らずだ」と言い、私をいつも家の外に立たせた。ときどき私は牧羊犬に自分の夕食を与え、食べたと嘘をついた。それ以外のときは嚙みすぎた肉の塊を頰張り、ただ突っ立って空想に耽っていた。

玄関ポーチの隅には、灰色の空襲警報サイレンが置いてあった。核による大惨事が起きたとき、私の父は丘のてっぺんに上がってサイレンを鳴らし、行政教区の全員に警告することになっていた。母さんの役目は、バスタブにきれいな水を溜め、新聞とテープで窓を塞ぐというものだった。食事の時間が終わると、玄関先に立ったまま「完璧でおいしい肉」をいまだ噛みつづけている私に、父親が困惑と嫌悪の視線を送ってきた。彼が中庭の作業場のほうにどしどし歩いていくと、母親がやってきて言った。「さあ、急いでチーズ・サンドイッチを食べて。お父さんが戻ってきたらお尻を蹴られちゃうよ」

　霜の降りた寒い秋のある夜、夕食のあとに父親が意気消沈した顔つきで戻ってきた。オールド・ブラッキーが「倒れた」というのだ。父が指差した〈カウ・パスチャー〉のてっぺんのほうを見やると、一頭の雌牛が地面に横たわっているのが見えた。彼女は衰弱し、寿命を迎えようとしていた。その近くで、スノーウィーが心配そうに草を食《は》んでいた。父さんは、オールド・ブラッキーを撃ち殺す必要があるとわかっていた。それから中庭まで死体を引っぱりおろし、〝解体業者《ナッカー》の男〟に引き取ってもらうことになる。父は散弾銃を手に取り、悲しそうにとぼとぼと牧草地を上がっていった。台所から私たちは様子を見守った。父は悲しみにがくりと頭を下げ、年老いた牛に何やら一言二言話しかけた。そして、牛の頭から数センチのところに銃口を近づけた。つぎの瞬間、オールド・ブラッキーは突如としてまえのほうに体を揺らして立ち上がり、父と銃の横を過ぎてゆっくりと離れ、スノーウィーといっしょに草を食みはじめた。戻ってきた父は台所を通って銃を棚に戻しにいった。そばにいた私たちはみなにやにやと笑っていた。父は「黙れ」

と言ったが、顔には大きな笑みが浮かんでいた。オールド・ブラッキーはさらに一年半にわたって元気に生きつづけた。

*

あたりの土が水浸しになると、牛が牧草地から集められた。冬のあいだ、牛は牛舎や納屋で飼育された。学校から戻ってきたあと、小屋に行って餌やりの手伝いをするのが私の日課だった。薄暗い空には、村の上空を旋回しながら塒《ねぐら》に戻るミヤマガラスとムクドリの鳴き声がこだましていた。私は重い足取りで中庭を進み、牛の餌が保管されている〈ミール・ハウス〉に向かった。大麦破砕機が作動していたせいで、室内は耳をつんざくような騒々しさだった。ふたつの巨大な弾み車《フライホイール》が、細い大麦の束を平らにつぶしていった。私たちはその大麦を麻袋に詰めて牛舎に運び、薄黄色のコーンフレークをまき散らすように干し草とサイレージの上に広げた。私の日課には、〈ミール・ハウス〉の床に落ちた大麦のカスを掃き集めてゴミを取りのぞき、鶏に与えるという作業もあった。

前年の冬に比べればこれらの日課がそれほど苦ではなくなったものの、鶏小屋は大嫌いだった。小さな木製の小屋で、まわりに張りめぐらされた金網はイラクサで覆われていた。雌鶏たちは日中のあいだは日向《ひなた》に出て土をつついたり引っかいたりして、餌となるミミズやクモを捕まえ、やがて暗くなると小屋のなかに戻っていった。小屋に電灯はなく、なかに入って扉が閉まると、夕方過ぎのわずかばかりの陽光も遮られた。外の囲いとの出入り穴から射し込んでくる小さな長方形の光をのぞいて、室内は真っ暗だった。小屋の床は、乾いた鶏の糞で三〇センチから四五センチほど盛り上がっていた。奥のほうにいる産卵中の鶏たちは、暗闇のなかでときおりコッコッと鳴いたり羽をばたつかせたりするだけで、巣箱のなかに静かに坐っていた。私が手探りで見つけるまで、鶏はじっと動かなかった。それから、コッコッという鳴き声、宙を舞う羽根、はためく翼、渦巻く塵の小さな爆発が起きた。一、二羽が、キツネが小屋に入ってきたかのように大慌てで出入り穴から外に出ていった。しかし、卵を抱いた鶏は巣箱にじっととどまったままだ。私は体の下に手を伸ばし、ふかふかとした暖かな下腹部を探って卵を取りだした。老齢の鶏が鋭いくちばしで手をつついてくるので、ときどき血が出ることもあった。

しかしつぎの瞬間、暗闇のなかで何かが動いた。ネズミ——鶏の餌を食べて丸々と太った大きなネズミだ。複数のネズミの〝形〟が床の上を動いているのが感じられ、暗闇に恐怖が帯電した。突然、甲高い鳴き声が聞こえた。一匹の巨大ネズミが半分禿げた雌鶏に襲いかかり、床板の穴のなかに引っぱりこもうとしているのが見えた。私が叫び声をあげると、ネズミは鶏を放して姿を消した。私は体を震わせながら小屋から退散した。話を聞いた父は、「あいつらネズミにはクソみたいな毒をくれてやる。これはもう冗談じゃすまないぞ」と言った。そして、父はそれを実行したにちがいない。翌週、私が小屋で卵を集めるたび、囲いのなかに死んだ（あるいは死につつある）ネズミがおり、雌鶏たちにつつかれていた。

この試練にたいする報酬は、日々採れる一握りの新鮮な卵だった。家に戻って暖かな光のなかで見てみると、卵の殻の茶色の色合いはさまざまだった。斑点のあるものもあれば、鶏の糞で汚れたものもあった。卵が手を温めてくれる感覚が私は好きだった。朝食用に茹でると、黄身が濃いオレンジ色になった。卵を清潔に保つために私は、納屋から黄金色の藁を運び込み、それぞれの巣箱に注意深く敷きつめた。

＊

その冬に私ははじめて、父親の肩にのしかかる残酷なプレッシャーについて理解するようになった。夜、私がベッドに入ったあとも遅くまで父は仕事を続け、ひたすら作業場でハンマーをたたきつけ、壊れた干し草台を溶接した。家の床板越しに父の怒鳴り声が聞こえてくることもあった。そのころ学校では、ほかの子どもたちが冬休みの旅行について話をしていたが、私の家族は旅行になど行ったことがなかった。母さんは、「自宅の台所の流し」と「かつて男性によって農場で行なわれていた作業をすること」とのあいだのどこかで身動きが取れなくなっていた。

＊

母さんは、家の狭い台所のテーブルの上で生地を成形していた。小麦粉を振りかけたにもかかわらず、生地がテーブルの表面にくっついてしまった。彼女はタートルネックのセーターを着ていた。袖を肘までまくり、長く青白い腕で生地を押したり引いたりしながら、ときおり髪を耳にかけた。スリムで美しかった。母は、ビーロ社のレシピ本の説明にしたがって手順を進めようとした。祖母はスコーン作りなんて簡単だと言ったが、母はそれをほぼ不可能なことだと感じた。もしかすると、母さんはこの種のファーマーの妻には向いていなかったのかもしれない。オーブンから煙が上がると、押し殺した悲鳴のような奇妙な音が母の口から漏れてきた。彼女はオーブンの扉を開け、トレイを取りだし、炭の塊を見つめた。いまにも泣きだしそうに見えた。母はもごもごと口のなかでつぶやき、こんなくだらないことをしている暇はないと言った。農場での仕事をしなきゃ、もう時間がないわ、と。

＊

父さんはディーゼル油を撒き、マッチで火をつけた。シューッ。イバラの巨大な山から、化学工場での大事故を思わせる大きな炎が燃え上がった。すぐに、火のオレンジ色の輝きのなかから黒い煙のどでかい雲が吐きだされ、空の暗闇のなかに上がっていった。それは、父さんとジョンがコモン・ランドで起こした焚き火だった。農場のゴミ、ビニール袋、木の根、修復された生け垣のイバラの枝、古い家具、悪臭を放つ禿げたゴムタイヤ、大量の干し草用の紐、廃油のプラスティック容器が燃やされていた。廃棄したいものがある地域の住民たちの多くもまた、数日まえからゴミを運び込んでいた。ときどき火の中心部でスプレー缶が爆発すると、小さな爆弾が落ちたかのようにみんながうしろに走って逃げた。男たちは深く考えもせずにタバコで花火に火をつけ、発射台となる空《から》のレモネードの瓶に押し込んだ。数秒後、花火が空にブーンと飛んでいった。母親たちは子どもに呼びかけ、炎やロケット花火から離れるよううながした。祖母たちは子どもを呼びつけては、ベイクド・ポテトやソーセージ・ロールを食べろとしきりに勧めた。黒いガラス片のようなトリークル・トフィーを食べると、いまにも顎の骨が折れ、歯が抜け落ちてしまいそうだった。一時間後、暗闇のなか枝や草の茂みにつまずきつつ、私たちはみな歩いて家に戻った。花火で手にやけどをして泣き叫ぶ子どもが、イライラした様子の親に無理やり引っぱられていった。懐中電灯の光が木々のあいだを抜け、上空の星の帝国へと伸びていった。顔に霜がまとわりついた。帰る途中でキツネとすれちがうと、父は「泥棒野郎」と呼び、一年前に農場の鶏が何羽かキツネに殺されたのだと言った。

＊

クリスマス休暇になると、私は祖父の農場に逃げた。体力が衰えてきたおじいちゃんには、冬のあいだ牛舎に集められた乳飲み子の牛に餌を与えるために私の手伝いが必要だった。牛舎の扉から水蒸気の煙が立ち昇っていた。玉石敷きの中庭には、嗅ぎなれた温かなにおいの靄《もや》が漂っていた。牛、干し草、糞、小便。牛舎の壁は石と石灰モルタルの造りで、傾斜した屋根には緑のスレートが並んでいた。馬小屋によくみられる上下二段式の木製扉《ステーブルドア》には、古い鉄製の閂《かんぬき》がついていた。梁から垂れ下がるクモの巣は、もつれた女性用ストッキングのように見えた。冬のあいだ一九頭の牛が牛舎で生活し、室内の片側に並ぶ区画に首の鎖がつながれた。それぞれの区画のまえには干し草用の石の飼い葉桶にくわえ、口や舌で押すと水が出てくる鋳鉄製の給水機が置いてあった。スレート屋根の穴から陽光が室内に射し込んできた。その神々《こうごう》しい光線のなかで、干し草の埃が躍った。

　私は、中庭のいちばん奥にある薄暗い納屋から干し草の梱を牛舎へと運ぶ祖父を手伝った。一羽のフクロウが、壊れた窓を抜けて外の光のなかへと逃げていった。その動きはどこかおぼろげで、フクロウの全体像をとらえることはできなかった。おじいちゃんはフクロウを邪魔することを嫌い、ささやき声で静かに干し草を動かした。あたかもそのフクロウが納屋の所有者で、私たちが不法侵入しているかのごとく、畏敬の念を示しているようにさえ見えた。梱を動かすと、丸々とした大きな茶色い蛾がひらひらと飛びまわった。ときどき、傷だらけの宝石のようなぼろぼろの羽をまとった蝶もいた。梱を運んで牛舎に戻る祖父のあとを、一羽のコマドリがついてきた。ペンナイフを取りだすときにジャケットのポケットからこぼれ落ちる、わずかな干し草の種子を狙って待っていたのだ。

大きな鳴き声で餌をせがまれると、祖父は牛に話しかけ、我慢強くなれと諭した。それから、一頭一頭の牛に順に干し草のスライスを放った。牛は眼のまえに置かれたスライスを口で荒々しくほぐし、丸めた舌で大きな一口分をむしり取った。牛舎じゅうにむしゃむしゃという咀嚼音が響いた。牛が頭を持ち上げるたび、首の鎖がジャラジャラ、ガチャガチャと音を立てた。私は祖父ほど勇敢ではなく、干し草のスライスをもって牛のあいだを歩くことはできなかった。何頭かの牛は威嚇して片足を上げ、いまにも蹴りだすかのような姿勢をとった。私は怖くなってあとずさりしたが、おじいちゃんは牛のことをよく知っていた。彼は一日に二度、牛の胴体のすぐ横を通って世話をした。息の白い雲が吹きかかるほど近くを歩き、舐められ、口でつつかれ、ときに蹴りを素早くよけた。

祖父は尻尾越しに月経液の排出の具合をチェックし、狙いどおり子を孕《はら》んでいるのか、あるいは「さかり」がついている（発情期に入っている）のかをたしかめた。後者の雌牛は、べつの牛舎にいる雄牛のもとに交配のために連れていかれた。出産予定日になると、祖父は懐中電灯をもって夜中のあいだも何度も牛舎に様子を見にいった。私も祖父についていった。ほんのつかの間、祖父の白い息が懐中電灯の光に照らされ、そのまま天井の梁へと上がっていった。彼は、出産する牛のために黄金色の藁をふかふかに敷きつめた「ハル」（仕切られた牛房）をじっと見つめた。

生まれてくる子牛の脚が大きいときには引き抜くのを手伝い、ときに手製の「分娩キット」のラチェットを使って脚を引っぱりだした。一、二時間たっても子牛が母親の乳首に吸いつくことができないときにも、祖父は手を貸した。雌牛の黄金色の初乳を搾り、管を通して子牛の胃に送り込むこともあった。牛が祖父のために働いているのか、その逆なのか、私にはよくわからなかった。

*

ある朝、祖父は馬小屋に行き、扉についた手彫りの木製「スネック」（閂）を上げた。何十年ものあいだ荒々しいファーマーたちが触れてきたレバーはなめらかに摩耗し、静かに持ち上がった。扉を一〇センチほど開くと、錆びついた蝶番《ちょうつがい》がかすかに軋んだ。祖父は隙間からなかをのぞき込んだ。胸の下のほうに私が体を押し当てると、コート越しに祖父が興奮に震えているのが伝わってきた。

「何が起きてるの？」

「シーッ……静かに」と祖父は言った。「子どもが生まれる」

馬小屋は、切れかけの電球ひとつだけで薄暗く照らされていた。梁からぶら下がる灰色の電気コードはねじれ、蜘蛛の巣で覆われている。かつて白漆喰塗りだった壁は、長年のあいだに牛が脚や腹で糞をこすりつけたせいで茶色く変色していた。玉石敷きの床には、陽光にさらされた藁が一五センチほどの高さまで敷いてあった。薄暗い電球の下で、鹿毛《かげ》の雌馬が痛みに苦しむように体をねじってはひっくり返していた。雌馬は自分の膨れた腹を見やった。あたかも脚立を飲み込んだかのように、子馬の脚やほかの部位が、ぴんと張った皮膚を内側から鋭く押し上げていた。それから、馬は藁のなかに横たわってじっとした。およそ一分後に陣痛がはじまると、体全体が地震のときのように震えだした。馬は死体みたいに首をまっすぐに伸ばし、うめき声をあげた。おじいちゃんは慎重に馬の尻のほうに近づいていき、私にはその場にとどまるよう合図した。いったい何が起きているのかわからないまま、私はただ陣痛が続くのを見つめた。やがて雌馬が少しだけ体を動かすと、子馬の脚が飛びでてきたことにおじいちゃんは気づいた。妙に長く、角ばり、尖った脚だ。祖父は脚を撫で、微笑んだ。雌馬がふたたび体を震わせて息むと、子馬の脚が一〇センチ以上一気に出てきたように見えた。祖父はつぎの震えを待ち、それから脚を引っぱった。今回はさらに大きく体が外に出てきて、鼻まで見えるようになった。透きとおった黄色っぽい羊膜と血の奥に、白く輝くものが見えた。母馬は体を起こし、体をシーソーのように揺らしながら立ち上がった。するとガタガタと子馬の体が出てきて、ドサッと藁の上に落ちた。私はたじろいだ。祖父は子馬の口についた液体を拭きとり、母馬に蹴られるまえに扉のほうに逃げた。

一時間ほど静かな時間を与えてから馬小屋に戻ると、雌馬は心配そうに静かに体を震わせていた。ちょうど子馬が頭で母馬の腹をつつき、乳首を探しているところだった。一週間後、子馬は牧草地を駆けまわり、大きすぎる脚の使い方を学び、反抗的に鼻を鳴らした。おじいちゃんがゲートからその様子を見守っていた。一台目のトラクターを買ってから四〇年が過ぎても、おじいちゃんはいまだに馬の飼育家のままだった。

＊

前年のクリスマス休暇のあいだ、家の外に出て働けと言われると、私は不機嫌かつ反抗的になった。しかし、今年の私はまったくちがう少年だった。朝六時に眼を覚ました祖父は、もう起きろとは言ってこなかった。私は祖父が着替える音に耳をすまし、同時に出かける支度を進めた。彼が浮かべる笑みは、私の準備がすっかり整っていることにたいする純粋な誇りに満ちたものだった。その一〇分後、私たちはショベルで牛舎の掃除をしていた。一晩のうちに、牛のうしろ側にある浅い溝に糞が積み重なっていた。鈍く硬いドサッという音とともに溝に落ち、渦巻いたまま乾いた糞から、干し草のにおいがしそうだった。おじいちゃんは腰を曲げ、湯気の上がる糞の山にショベルを押し入れ、一杯分を持ち上げて手押し車に投げ込んだ。牛が小便しはじめると、祖父は何歩か下がって終わるのを待った。湯気を立てる黄色い川が、牛舎の扉のそばの排水溝の格子まで流れていった。すべてが重力にしたがって機能していた。小便から発生したアンモニアの蒸気の雲から、鼻をつく強烈なにおいが漂ってきた。

外は凍てつく寒さだったが、これは農場でいちばん暖かい仕事だと祖父は言った。牛舎で作業する彼は、セーターとベスト姿だった。牛舎の室内は、牛の体温とうしろの糞の山によって心地よく暖まっていた。かつてイングランド北部にあった「ロングハウス」では、人々は牛と同じ構造物のなかで暮らしていた。祖父によれば、牛がもたらすこの暖かさはじつに貴重で役立つものだったという。牛舎での作業が終わると祖父は、むさくるしい北極探検家のようにジャケットを何枚も羽織り、羊に餌を与えるために凍りついた牧草地を横切っていった。私は叫び声をあげながら両腕を大きく振り、腹をすかせた羊たちが祖父の足元に群がって体を押し倒そうとするのを防いだ。

真冬の仕事はきつかったが、祖父はそのすべてに誇りをもっていた。中庭のいたるところに彼は、藁と糞を積み上げて巨大な糞《ミドゥン》の山を作った。毎日まわりにブラシをかけ、整然としたきれいな山になるように気を配った。山の急な斜面とブラシで整えられた縁《へり》は、祖父が自分の仕事を大切にしているという証《あかし》だった。その山からゆらゆらと湯気が上がった。雪を解かすほどの熱が発生するため、まわりで雪に埋もれていないのは肥やしの山があるところだけだった。どんな慎ましい作業であっても、自分の仕事に誇りをもつことこそが良い人間の証左だと祖父は考えた。この作業によって日々誰かに評価されるかのように、彼はせっせと牛の糞を掃除した。牛舎がきれいになり、牛が寝そべってたっぷりの干し草を食べ、牧草地の羊への餌やりが終わると、祖父は私にこう言った。凍っているうちに地面を利用し、牧草地に糞を撒こう。そうすれば、車輪の跡で土を傷つけるのを防ぐことができる、と。そこで私たちは小さなトラクターを使い、糞の一部を牧草地に運び込んだ。肥料散布機の回転するチェーンによって糞が撒かれると、地面から湯気が上がった。すると何十羽ものミヤマガラスが飛んできて糞をひっかきまわし、虫を探した。

*

妊娠した雌羊のためにたくさんのカブを収穫しなければいけない、とおじいちゃんは言った。そこで私たちは、後部に貯蔵ボックスのついた古いマッセイ・ファーガソン製トラクターを引っぱりだしてきた。それから畑に行くと、数百本のカブを手でゆっくりと引き抜き、ボックスのなかに投げ入れた。凍りついた地面からカブを引き抜くのは、おじいちゃんにはつらい作業であり、私にはほぼ不可能なことだった。祖父はゼーゼーと苦しそうにあえいだ。ところが、「いままで最悪の仕事」だと愚痴った私に彼は鋭い視線を寄越し、寒い雨の日にびしょ濡れのぬかるんだ土から引き抜くほうがずっと難儀だと言った。そんな荒天の日に、父が防水ズボンとジャケットを着て作業しているのを見たことがあった。冷え切って赤くなった手から、冷たい茶色の泥が垂れていた。そのような作業を数時間続けたあとの父には、かかわらないでおくのが身のためだった。残酷な仕事だった。それほど手がかかるにもかかわらず、祖父と父はどちらもカブを育てるのが大好きだった。羊のための良質な餌となるだけでなく、カブ畑には生命が横溢《おういつ》していた。ほかの畑が冷たく空っぽになる真冬のあいだ、カブ畑の畝は野生動物のための避難場所と食糧貯蔵庫になった。霜のついた葉は、冬の湿った陽射しのなかで銀色に輝いた。野ウサギ、ヤマウズラ、ほかの無数の小鳥たちが冬のあいだカブ畑に避難し、そこで食べ物を見つけているようだった。

一羽の雲灰色のハイタカが生け垣の上にとまると、小鳥たちがそそくさとカブの葉のなかに隠れた。大きな赤い雄ギツネが、畑のいちばん端からこっそりと出てきて、森のなかへと走っていった。私たちがカブを引き抜くと、ミミズや幼虫もいっしょに出てきた。コマドリとズアオアトリが虫をさっと奪いとり、私たちの足元から一メートルほど離れたところで呑み込んだ。家の横の納屋に戻ると、雌羊の餌としてカブを撒いた。そのあとはじまる饗宴では、たくさんの人が同時にリンゴをシャリシャリと食べているような音が室内に響き渡った。

春になるとこれらの雌羊や子羊は、カブ畑に行って残骸を自分で掘りだして食べた。羊たちは、ピンクがかったオレンジ色の実を歯で削ってカブをふたつに割り、ほぼ空《から》っぽになるまで中身をかきだした。あとに残るのは、糖蜜のように黒い羊の糞と泥の絨毯だけだった。

＊

その夜のあいだに水道管が凍結した。祖父は、やかんの熱湯で満たしたバケツを慎重に運びながら、氷の張った中庭と家のあいだを行き来した。牛舎のコンクリートの地面から地上に突きでた金属製の水道管に向けて、熱湯がかけられた。バケツ三杯分の熱湯をかけ、たくさんの罵り言葉が発せられると、水がゴボゴボと流れだし、管のなかの氷が振動した。牛が給水機の引き金を押し、大きな音を立てて水を飲みだした。

手伝いにやってきたおばあちゃんは、レニングラード包囲戦の白黒写真のなかの人物のように頭にスカーフを巻いていた。祖母は古着と藁を水道管に縛りつけてから、暖炉の焚きつけ用の薪を割っておくれと祖父に呼ばわり、それから家族のために朝食を作りにいった。勝手口で私はブーツを乱暴に脱ぎ、凍りついた足を引っぱりだした。外からカチカチという音がした。それは斧で割られたときに、よく乾燥させた丸太だけが立てる音だった。私は風呂に入って冷え切った脚を温めたが、祖母は懐疑的だった。最近の人は体を洗いすぎだ、と彼女は言った。

＊

おじいちゃんの友人のジョージは毎週日曜日になると、隣の谷の販売店に新聞の日曜版を買いにいった。祖父は牛と羊に餌をやったあと、一キロほど離れたジョージの家に行って新聞をもらった。おじいちゃんが古い肘かけ椅子に坐ると、ジョージもべつの椅子に腰かけた。私は、うしろにある小さな木の椅子にちょこんと坐った。暖炉の火がオレンジ色に輝き、薪がパチパチと音を立てた。ふたりは坐って紅茶を飲みながら、天下国家を論じた。ジョージは私の祖父と同じ型の人間だった。話題は多岐にわたった。最近眼にした野生生物、羊の価格、谷のなかで誰が誰とセックスしたか、誰が金銭的に困っているのか。ふたりの話を聞いていた私には、状況が変わりつつあるのだとわかった。

眼のまえのふたりの老人は、地域から消えつつある小規模農場をとおして土地から生計を立てる地元の住民たちについて話した。谷にあるそれぞれの農場は彼らにとって、仲間の子どもたちが育ち、世界に送りだされた場所だった。知り合いのほぼ全員について、どこの農場の出身かをたどることができた。「あいつはボローデールのウィアだ」とふたりは言い、問題の人物について知るべきすべてのことを詳《つまび》らかにした。話を聞いていると子どもながらに、彼らの小規模農場の世界は年を重ねるごとに浸食されているのだとわかった。ふたりの物語に出てくる登場人物はみな、伝統的な仕事をする人々だった。羊や牛を売り、石垣を造り、生け垣をこしらえ、羊の毛を刈り、道路を修繕し、採石場やパブで働いた。新しく異なる人間を自分たちの物語に織り込むことが不可能であるかのように、彼らは、谷に来た新参者を無視した。羊、牛、鶏を買いに祖父とともに農場を訪れたときに私は、これらの（ほとんどが）正直で、まともで、頭が良く、親切なファーマー仲間たちの多くと実際に会ったことがあった。彼らは孤立して暮らし、多くの場合、自分の仕事に焦点を合わせた個人的な生活を送っていた。そもそも聞き手を求めていなかったので、その声が誰かに届くことはほとんどなかった。彼らのアイデンティティーは、店では買えないもので成り立っていた。みな古い服を着、必需品を手に入れるためにごくたまに買い物に出かけたが、「市販品」に大きな軽蔑を示した。クレジットカードよりも現金を好み、壊れたものはなんでも直し、古くなったものを捨てるのではなく、いつかまた使うために保管した。お金のいっさいかからない趣味や興味があり、ネズミやキツネを捕まえるという生活に不可欠な作業を娯楽に変えた。彼らの友情は、仕事にくわえ、自分たちが飼う牛や羊の群れによって築かれた。めったに旅行には行かず、新しい車を買うこともなかった。かといって、仕事がすべてというわけでもなかった。多くの時間が農場にまつわる活動に費やされ、それは共同体のなかでのんびりと行なわれた。あるいは、たんに野生の自然を愉しむことに時間が費やされた。私の祖父は、そのような生き方を「静かに生きること」と呼んだ。

ほんのわずかしか所有していないことを恥じる必要はない、とおじいちゃんは言った。そんな考えはまるっきりまちがっている、と。現代の基準では貧しいことを意味したとしても、自分たちの自由を守るほうがマシだった。店で売られる商品をつねに欲しがることを祖父は嫌悪した。この地域の小規模農場のファーマーたちは、自由についてほかの誰もが見逃している何かを理解する人々だと祖父は考えた。モノ、つまり店で買うことのできる所有物を必要としなければ、それに支払うためのお金を稼ぐ必要性からも解放される。海外旅行や豪勢な外食をつねに求めるのであれば、小さなフェル・ファームで生計を立てることはできない。ここでは、身の丈に合った生活をすることを求められた。

しばらくすると祖父は椅子から立ち上がり、新聞を受け取った。戸口を抜けて外に出ると、私たちは立ち止まって谷底のわが家の農場の土地を見下ろした。そこでは羊が草を食《は》み、氾濫原に向かっていくつも小川《ベック》が流れていた。

＊

草は銀色で、歩くとバリバリと砕けた。ベックは氷で縁取られ、割れた薄いガラスの下を水が流れているような音が聞こえてきた。オークの木の枝は、雄ジカの袋角のように霜に覆われていた。頭上のフェルから、太陽が面倒くさそうに昇っていった。私たちは、生け垣を修繕するために父さんとジョンと落ち合う予定だった。突然、まえのほうのベックから水しぶきが上がった。おじいちゃんは歩を速め、ドシドシと小走りしはじめた。眼のまえの浅瀬で、魚のようにちらちらと光るものが一瞬見えたが、すぐに仄暗《ほのぐら》い水のなかに消えた。祖父によれば、これらのベックを離れて大西洋に向かったサケは、遠く離れた海からでも、生まれ故郷の川の味を感じ取ることができるという。サケは、見えない紐をたどるようにその味を追いかけ、何年もたってから河口へとやってきて、流れの遅い幅広の低地の川から遡上し、上流へ、さらに上に進み、堰《せき》や障害物を超え、木の根や漁師を超え、上へ上へと進み、いつしか感じる味が非常に強くなり、アドレナリンに満ちた魚雷のように動きだす。やがてサケは川をもっと上流へと泳ぎ、泥炭を含む懐かしい水を湛えるフェルの谷へとやってきて、深い水のなかで氾濫が相次いで起きるのを待ち、その流れに乗って石だらけの浅いベックへとまた遡上し、何年もまえに生まれた場所に戻っていく。そこで砂利のなかに卵を産み、多くは死ぬ。祖父はそれが奇跡であるかのように話し、水のなかのサケを指差した。エラとヒレにはフナムシが寄生し、体には白いかすり傷と引っかき傷が刻まれ、顔は光り輝いていた。私が突っ立って見ていると、おじいちゃんは「水道局」についてぼそぼそ文句を言いはじめた。水道局はこの地方に乗り込んできて、谷底の排水を効率化するためにいくつも溝を掘り、ベックの流れをまっすぐにしようとしていた。彼らは、川の側面に板を貼って見かけをきれいに保つことを望んだ。他人の金だからわざわざそんなことをしようと思うんだろう、おれはそんなことのために自分の金を使いはしない、と祖父は愚痴った。どうせ数年のうちに川はもとの姿に戻るだけだ、と。

＊

私たちはベックから丘をずんずん上がり、ゲートを通って牧草地を抜け、父とジョンがいるほうへと進んだ。父さんのランドローバーがすでに生け垣の横に停まっており、斧が打ち下ろされる音が聞こえてきた。ジョンは生け垣から枝を引き抜き、あとで燃やすために脇に積み上げていった。イバラは冬になると休眠期に入って春まで成長が止まるため、そのあいだに切り取ったり曲げたりすることができる。良質なイバラの生け垣は頑丈でじつに役立つものだ、とおじいちゃんは説明した。職人技をとおして造られる単純な生け垣は、造るのにも維持するのにも市販品は何も必要なく、土地にあるものだけで成り立っている。生け垣の修繕《ヘッジ・レイイング》のような伝統的な手作業がまだ行われているかどうかを見るだけで、その農場が繁栄しているかどうかを見分けることができると祖父は言った。

それぞれのイバラの幹はまず鉈鎌《なたがま》で切り込まれ、折れる寸前まで曲がるようになると、ジョンが幹をゆっくりと倒して隣の木のほうに寝かせた。その部分は、本の表紙のように薄かった。父は、樹液がしたたる繊細な幹の〝蝶番〟が切り取られないように保護した。彼の手には引っかき傷ができ、サンザシ色の乾いた血がこびりついていた。父によれば、この残された薄い幹が、かさぶたに覆われた傷のように厚くなり、成長しつづけるために必要な樹液を枝に送り込んでくれるという。そして、横に寝かされたそれぞれの枝から新しい直立した芽が育ち、数年後には枝と枝がつなぎ合わされ、生け垣全体がもつれ、ぼうぼう生い茂り、厚くなる。男たちは説明を続けたが、私は興味を失い、六メートルほど離れたところにある車のなかに坐り、ラジオでブロンディの歌を聞きながらヒーターで足を温めた。

二、三年後、中心にある枝の構造は外から見えなくなり、不揃いに伸びる緑の生け垣に戻った。およそ一五年おきに、このような生け垣の修繕が必要になった。造りなおされるたび、ほぼ水平に伸びる節くれだった枝がより複雑に絡み合い、通り抜けるのがさらにむずかしい生け垣ができあがった。年がたつにつれ、生け垣そのものだけでなく、その下の盛り土（ケスト）にもより豊かな植物が育ち、たくさんの鳥や昆虫が集まるようになった。そこは、野生の草花のための安息の地だった。

生け垣は子どもたちにとっては恰好の隠れ場所であり、夏のあいだによじ登って遊ぶのにもぴったりだった。生け垣の向こう側はべつの王国も同然で、遠くから呼ぶ母親たちの声を無視することができた。生け垣に沿って歩きまわり、鉄道の線路を見にいったり、年上の少年たちが遊ぶ古い工場の廃墟への冒険に出かけたりした。もっと大きくなると、生け垣に隠れてポルノ雑誌を読み、タバコを吸った。人生とはむかしからずっとこのようなものであり、これからも永遠にそれが続く。そうときどき感じられた。

＊

子どものころに私は、ギリシャ神話を描いた絵本をよく読んだ。オデュッセウスとテーセウスが大好きで、彼らの英雄的な冒険譚に魅了された。けれど、自分たち家族はシーシュポスに似ているのではないかと子どもながらに考えていた。巨大な岩を山頂まで押し上げようとするが、何度やっても転がり落ちてしまうという逸話の主人公だ。その年、農場教育がはじまったばかりのころの私は、農場で働くことは逃げ道を与えてくれるものだと信じていた。しかし同時に、あることに少しずつ気がつきはじめていた。絶望的な瞬間や不平不満はいくらかあったものの、この継続的な作業は、土地で良い暮らしを送るために支払うべき避けがたい代償なのだと父と祖父は考えていた。かならず行なわれるべき物事があった。なぜなら、これまでもずっとそのように行なわれてきたからだ。秘訣は、ハーネスを体になじませ、抵抗しないことだった。ただ受け容れるしかなかった。祖父は、まわりの野生を愉しみ、正しい行動をとるという誇りをとおして、この生活に耐える術《すべ》を身につけたようだった。彼は私にこう伝えようとしているようだった。アザミ刈りに美しさを見いだし、大鎌を使いこなす技術を愉しみ、物語を語り、人々を笑わせることを学びなさい。そうすれば、ひどく過酷な仕事が続く日々でも、けっして自分が壊れることはない。祖父がシーシュポスのようだとすれば、それは笑みを浮かべたシーシュポスだった。彼は、現代人は子どものようだという厳しい考えをもっていた。自由に遊ぶことはできても、人生の意味は奪われ、ほんとうに大切なものから切り離された人々だ、と。歳をとるにつれて祖父はさらに頑固になり、変わることを疑い、ぼろぼろの古風なフェル・ファームについてますます感傷的になった。

一方の父には、そのような余裕はなかった。増えつづける借金に向き合うことになった彼は、古い農耕牧畜の価値と新しい経済的現実のあいだのどこかに囚われているように見えた。私もその緊張を感じてはいたものの、まだ充分に理解することはできなかった。理解できるようになったのは、まださきのことだ。しかしその年の終わりまでに私は、古い農耕牧畜の世界に心を奪われるようになった。祖父はやるべきことをやり遂げた。私はもう農場から逃げようとする少年ではなく、真の信者になっていた。

＊

翌春のある晴れた日、草が五、六センチほど伸び、土が乾くと、牛と幼い子牛たちが牛舎と納屋から外に出された。祖父が鎖を解くなり、牛は頭を振って首のロープを払い落とした。室内の牛房からまぶしい光のなかへと歩きながら、牛たちはしっかりとした足取りを取り戻していった。すぐに牛は中庭や牧草地を駆けまわり、ぴょんぴょん飛び跳ね、互いに大声で鳴き合った。祖父はそれを「ターニング・アウト・デイ」と呼んだ。農場の一年のなかで、とくに喜ばしい日のひとつだった。夏の数カ月のあいだ互いを厄介払いできることに、祖父と牛はどちらも喜んでいた。冬の日課である小屋の糞の掃除も、日に二度の餌やりももう必要なくなり、牧草地で草を食《は》む牛を毎日たしかめるだけでよくなった。牛が牧草地を跳ねまわるようになると、祖父の日課も大きく変わった。農場全体が安堵のため息をついているかのようだった。私たちは牧草地のゲートのそばに立ち、牛が子どもみたいにはしゃいで遊んでいるのを見守った。

「あの古くて暗い牛舎から外に出て、お日さまが背中に当たるのがさぞ嬉しいんだろうな……冬はあまりに長い」

＊

牛が牧草地で生活する夏のあいだ、牛舎は静まり返った。聞こえてくるのは、上下二段式《ステーブル》の木製扉《ドア》の上にとまるツバメの、ひたすら続く天を衝くような鳴き声だけ。におい、騒音、暖かさに包まれた場所だった納屋は、農場でどこよりも涼しく、暗く、静かな場所に変わった。室内を走り抜けると、剥きだしの石床と壁に足音が反響した。農場猫のタビーが梁の下に坐って天井のほうを睨みつけ、ツバメを仕留める方法を思案していた。ある日、私がツバメを見上げていると、祖父が近くにやってきた。彼はツバメの渡りについて説明をはじめ、クリーム色の胸の羽がいまだにアフリカの土埃で赤く染まっていることを教えてくれた。私たちが牛舎から歩いて出ていくときにも、半開きの窓を通り抜けてツバメが大急ぎで出入りを繰り返していた。ハエに囲まれながら牛が草を食む遠くの牧草地に行っては、またツバメは牛舎に戻ってきた。

夕食のために家に戻る途中、丸太小屋を出入りしている鳥を見つけた。私は近くに行き、室内に巣があるのかたしかめた。やはり、梁の上に巣があった。おじいちゃんが私を持ち上げてくれた。のぞき込むのに充分な高さまで私の体を押し上げた祖父の腕は震えていた。外の電線にとまる母鳥が、怒りっぽい鳴き声をあげた。ほぼ羽毛が生えそろった雛たちが、オレンジ色の口を大きく開けていた。巣から溢れんばかりの数だった。こちらを見ると雛はくちばしを閉じ、混乱と驚嘆の表情で見返してきた。すると、おじいちゃんが少し焦ったような声色で「見えたか？」と言った。静かに「うん」と言うと、祖父は私の体を地面に降ろした。

プログレス

進　歩

そのまま何事もなければ天下は泰平。だが、そうもゆかぬ。いや、所詮われわれの幸せなど、砂の上に建てた家同様、強い風が吹けばそれまで。

——映画『切腹』（一九六二年）より

だが、二十世紀というわずかのあいだに、人間という一族が、おそるべき力を手に入れて、自然を変えようとしている。

——レイチェル・カーソン『沈黙の春』（一九六二年）より（青樹簗一訳、新潮社、一九七四年、Kindle 版）

赤錆《あかさび》色の土埃の雲が巻き上がり、夜気を突き抜けて私を追いかけてくる。未舗装の道路を疾走すると、運転するトラクターの車輪が土を掻きまわす。タイヤが窪みにハマるたび、握ったハンドルが激しく振動する。見渡すかぎりずっと前方まで鉄条網と夜が広がり、一〇〇万の星が安っぽい模造ダイヤモンドのように煌《きら》めく。私はオーストラリアにいる。二〇歳。「バックパッキング」にまつわるいくつかの言葉を見え透いた口実として使い、私は実家から逃げだした。自分が家族にどう説明したにせよ、とにかく私は、父さんから、そして実家の農場からできるかぎり離れた場所に行こうとしていた。祖父は三年前に死んだ。生前のおじいちゃんは、私たちみんなに魔法をかけていたようだ。わが家の生活様式は希望に満ち、まっとうで、強く、永遠に続くのだ、と。そのすべてにたいする祖父の揺るぎない信念が、わが家は外の世界に逆らうことができるのだと私を信じさせた。体を守るマントのように祖父の信念を身につけた私は、誇り高き小さなスパルタ人だった。しかし祖父の死によって魔法が解けると、私たちの世界全体が突如として外の世界にさらされ、脆弱なものになった。まわりのすべてが壊れてバラバラになっていくのを感じたが、私はそれについて何もすることができなかった。私たち家族は、この厳しい北の大地でこれまでと同じように働く最後の世代になるのかもしれない。そう私は恐れはじめた。

＊

友人の友人が所有するこのオーストラリアの農場に着いた私は、さっそく仕事に取りかかった。与えられた作業は、トラクターを運転して少し離れた区画まで行き、「ルーサン」（アルファルファ）を梱にするというものだった。ルーサンがどんな作物なのかよく知らなかったけれど、私はうなずいた。遠く離れた国で珍妙なトラクターに乗り、夜のあいだに働くということに私は慣れていなかった。農場主によれば、夜に作業をするのは、作物にまだ水分があるからだという。昼間の焼けつくような暑さのなかでは作物が乾き、機械によって打ち砕かれて粉々になってしまうのだと彼は教えてくれた。

＊

トラクターのヘッドライトが、火星のような深紅の景色を照らす。すべてがまっすぐだ。直線。正方形。農場主は、砂利道を五〇キロほど進むよう私に指示した。それから右に曲がって六ブロック進み、つぎに左に曲がってさらに二ブロック進むと、目的地の畑があるという。まるで、チェス盤の上を走行しているかのようだった。牛の放牧地の横を駆け抜けると、その眼がトラクターのライトに反射して光る。まわりの茂みでは、奇妙な野生の眼がちかちかと光っている。道路脇の木の横を通り過ぎたあたりに、どこかで見たことのある生き物が横たわっている。大きく、赤い生き物。カンガルーだ。びっくりしたカンガルーたちは、道路に沿って続く低木林のなかを逃げる。あっけにとられた私は、スロットルを下げることも忘れてしまう。カンガルーはトラクターのすぐ横を飛ぶように疾走しつづける。手を伸ばせば、触れられそうなほどの距離。まるで、カンガルーがまわりで飛び跳ねるという夢のなかにいるかのようだ。眼のまえの様子を頭のなかで処理しようとしているうちにカンガルーはいなくなり、私は突如としてひとりになる。夜の闇のなかにあるのは、エンジンの振動、星、赤い土煙だけ。このカンガルーの話を実家の家族の誰かが信じるだろうか？　茫然としたまま一時間ほど運転すると、草が刈られた畑にたどり着く。そして夜通し作業を続け、トラクターのハロゲン電球の明かりのなかで草を梱にする。

＊

　オーストラリアの地形は、見たことがないほど平らだった。それは永遠に広がり、さらにさきまで続いた。広大で完璧な畑の風景。そのあまりの完璧さに私は戸惑った。眼のまえに並ぶ正確な正方形は、一世紀ほどまえに測量士が地図上に定規を置いて茂みを分割したものだった。

土地は安く、規模は広大だった。何かが進むのを遅らせようとする歴史は存在しなかった。あるいは、存在しないことになっていた。白紙状態の土地があり、そこに現代的なファーマーたちが未来図を描いた。古い石垣はなかった。古い農場の家屋はなかった。誰もいなかった。何か古いものの骨が、新しいものから突きでていることはなかった。巨大な機械にぴったりの、ただ平らな土地が続くだけだった。何万匹もの羊が、わが家の農場全体よりも広い牧草地で飼育されていた。六、七〇〇頭もの牛の群れがいくつもあった。私が出会った人々はみな熱意と希望に燃えていた。おれたちは世界のほかの誰が相手でも打ち負かすことができる、とひとりのファーマーはビール片手に言った。彼の言うとおりだった。私たちに勝ち目はなかった。

＊

数カ月後、私は故郷に戻った。ひどいホームシックにかかり、何も手につかなくなった。夜ごと私は、フェルとその緑、わが家の凸凹で欠陥だらけの土地の夢を見た。それに、出発のまえの晩にパブで出会った赤毛の女の子のことが恋しくてたまらなかった。

＊

私は、故郷のことがいままでよりもずっと好きになって帰ってきた。わが家の農場はかつてないほど明るく輝いていた。道路脇に続く生け垣は緑に萌え、牧草地や草原は凸凹で愛らしく見えた。父さんは、私がちんぷんかんぷんな話をしていると考えた。しかし私はおそらく人生ではじめて、わが家の風景の完全な美しさを目《ま》の当たりにした。その石垣、生け垣、石造りのファームハウス、古い納屋。そして、この場所が私の一部であるのと同じように、私がその一部であることを悟った。

これほど強い愛があるにもかかわらず、私はいくらかの敗北感を胸に帰ってきた。これから生き残るのにひどく苦労するにちがいないという不安が心のなかで募っていた。つい最近まで見てきたオーストラリアの農場と同じように食糧を生産し、闘うことなどできるはずもなかった。私たちはもはや過去の人間であり、この時代は終わりに近づきつつあると感じざるをえなかった。

＊

それから数カ月のあいだに私は、わが家の農場の現状についてよりはっきりと理解しはじめた。なぜ、おやじが生計を立てるのに苦労しているのかがわかった。一年のうち六カ月にわたってひどい風雨にさらされるこのような農場が、なんの役に立つのだろう？　曲がりくねった土地と荒れ寂びた古い建物が、なんの役に立つのだろう？　このちっぽけな規模の牧畜にどんな希望があるのだろう？　より大きく、より速く、より集約的な農業をする新種のファーマーたちを私は目の当たりにしてきた。彼らのような人々はいまや、この地域の残骸からも出現しはじめていた。自分の家族がその流れについていけないことを、恥ずかしく感じた。私たちの農場はあまりに小さく、古くさく、保守的で、貧しかった。この勇敢な新世界で居場所を見つけるには、おそらくもう手遅れだった。

*

故郷では、眼に入るものすべてが時代遅れに見えた。一世代まえ、農場のおもな動力源が馬からトラクターに変わった。しかし、祖父と父が使っていたトラクター用耕具は、以前の道具よりもほんの少しサイズが大きいだけだった。スタック・ヤードにある錆びたトタンの「用具小屋」には、かつて馬に引かせていた機械類がたくさん置いてあった。ファームハウスの台所の梁にも、いまだに真鍮製の馬具飾り《ホースブラス》がいくつも並んでいた。過去は去ったが、多くの道具は残されたままで、納屋にしまわれて埃をかぶっていた。大むかしの馬具が屋根裏の梁からぶら下がっていた。革はぼろぼろで、脆く、白いクモの巣で覆われていた。引き具、軛《くびき》、頭絡《とうらく》、腹帯《はらおび》、蹄鉄《ていてつ》。大麦小屋の屋根裏には、バイオリンのような手動の拡散機構がついた手押し式種蒔き機まであった。おじいちゃんがいつも坐って新聞を読んでいた暖炉のまえには、あたかも五分まえに誰かが脱ぎ捨てたかのように、ボーア戦争時代の一対の拍車が置いてあった。ある日、拍車を手に取った私は、自分が伝統的な労働生活に属しており、それがいま崩れつつあるのだと気づいた。現代的な農場では、カブを手作業で引っこ抜いたり、自分たちで飲むために年老いた牛の乳を一日に二度搾ったりする者は誰もいなかった。

*

父親は、増えつづける借金を抱えながら農場を運営するという責任に押しつぶされていった。彼はより荒々しく、扱いにくくなった。父にはひとつの計画しかないようだった——ひたすら仕事に邁進して問題を解決する。せっせと働き、朝早く起き、夜遅くまで働く。どこまでもタフであること以外許されないかのように、私に少しでも柔《やわ》なところがあると父は苛立った。彼は言葉で何かを説明するタイプの人間ではなかったが、その行動は「ほかの全員がしていることを真似するしか道はない」と言っていた。そのためには新しい機械と新しい品種の羊と牛が必要であり、経費を削って節約しなければいけなかった。私たちは大きく後れを取り、いまごろになってから必死に追いつこうとしていた。私はひどく傲慢になり、父のことを哀れに感じはじめていた。あらゆる問題にたいする答えを見いだすことができず、もっと迅速に物事を変えず、この闘いに勝つ方法を知らない父が可哀相でたまらなかった。増えつづける当座借越《オーバードラフト》が、岩が詰まった袋のように父の肩にのしかかっていた。そして私は厳しい悲観主義に取り憑かれ、皮肉屋で怒りっぽくなった。選択肢はひとつしかなかった――変化を受け容れ、近代化する。わが家の農場のあまりの〝時代遅れ〟を私は恥ずかしく思うようになった。歴史などどうでもいいと感じた。それは列車のようなものだった。駅を出発した列車に、「戻ってこい」とか「進行方向はそっちじゃない」などと叫ぶことはできるが、列車はただ線路を進み、その人物は取り残されるだけだ。

＊

わが家の農場で行なわれていたゲームは、イギリス全土の田舎で起きていた。多くの点において、起きていたのは〝進歩〟だった。私たちは往々にして、農耕牧畜がまさに生死にまつわる重大なものであるということを忘れがちだ。つぎの食事がどこから来るのかを心配する必要なく暮らし、夕食がいつもかならず食卓に並び、何を食べるのかという選択肢があるのがどれほど驚くべきことかを忘れがちだ。ところが、イギリスや世界じゅうの多くの家族にとって、飢えはわずか一世代まえまで存在するものだった。

私の祖父母は、二〇世紀はじめの数十年のあいだにイギリスでよく起きた食糧不足や周期的な物価上昇を経験してきた。そのような食糧難は、私の知り合いのなかでも最高齢の人々の小さな背丈にも反映されていた。彼らはきまって息子や孫たちよりも三〇センチほど背が低かった。戦時中の食糧配給は、食べ物が当たりまえのように手に入るのではないという事実を人々に痛感させるものだった。当時、全国民を食べさせるためには年間二〇〇〇万トンの食糧を輸入する必要があったが、海外からの供給は不安定だった。これらの長い年月のあいだ、めったに手に入らない品物のために人々は店の外に並び、卵やバターといった必要最低限の食品を得るためにズルや闇取引をした。そして戦後の一九五〇年までにイギリスのファーマーは、食糧安全保障を改善して五〇〇〇万人の国民に食べ物を供給するという任務を与えられ、政府の補助金と保証価格という後ろ盾を得た。それから数十年のあいだ彼らはこの挑戦に取り組みつづけ、はるかに多くの食糧をはるかに安く生産するようになった。現代的なスーパーマーケットは、人々のあらゆる望みを叶える最高の完成形だった。歴史的な観点からいえば目玉が飛びだすほどの奇跡であり、二〇世紀以前に暮らした人々が夢にも思わなかったほど豊富な質と種類の食糧がスーパーマーケットに並ぶようになった。

　子どものころ、村の高地のほうに住む母の友人のアンがたびたび家に立ち寄り、塩漬け豚肉《ガモン》の塊、冷凍フライドポテトのパック、粉末洗剤をどれほど安く町で手に入れたのかを話した。地域で最初の大型スーパーマーケットは、家から二五キロほど離れたケンダルの町はずれに誕生した。飛行機の格納庫ほどの大きさがある工業倉庫を改装した店で、アスファルトの広大な駐車場があり、町じゅうがその話題でもちきりになるほど安い価格の商品が所狭しと並んでいた。アンはタバコの煙を吸い込みながら、スーパーで買ったもの、カフェで食べたもの、それがどれほど安かったのかについての物語で私たち家族を愉しませた。彼女は手作りケーキを焼くのをやめ、私の母のことをひどく時代遅れだとからかった。育てるよりもずっと安く店でなんでも買えるのだから、家庭菜園なんて時間の無駄だとアンは言った。

わが家の野菜畑はファームハウスの庭にあり、土を掘り起こしてジャガイモを植えるのは父さんの仕事だった。彼は庭仕事が大嫌いだった。ある日、アンが家に立ち寄ったあとに父さんが庭に行き、石ころだらけの薄い土に熊手を突き刺すと、刃先が足元の岩に当たって甲高い音が響いたことがあった。あたかも焼かれた粘土質の岩で埋め尽くされているかのように、庭の野菜畑は農場でもいちばん土が瘦せた場所のように思われた。毎年春になると、父さんは手押し車を何度も往復させ、子牛の囲いからよく腐った藁の肥やしを大量に運び込んで土壌を改善しようとした。父がそれまで使っていた鋤は柄が折れ、冬の最後のジャガイモ収穫のあいだに腹を立てて投げつけたときのまま、壁のそばに横たわっていた。そこで父はどこかに行き、新しい道具をもって二〇分後に戻ってきた。それから三〇センチほどの深さの長い直線の溝を掘り、肥やしをたくさん流し込んだ。私は肥やしの上に種芋を刺し、軽く土をかぶせた。植えるのが少し遅れたせいでジャガイモが成長し、すでに蕾のない白い新芽が出ていた。そのとき、父のなかで何かが爆発した。スーパーマーケットでジャガイモ一袋がいくらするのか、彼は母さんに訊いた。それからもごもごとつぶやきながら、家庭菜園でジャガイモを育てるのにかかる時間を計算しはじめた。そして、ジャガイモ作りは時間の無駄だと宣言した。畜生、アンの言うとおりだ。母さんは、手作りの新鮮なジャガイモのすばらしさを並べ立てて反対したが、父は聞く耳をもたなかった。去年は葉枯れ病で糞みたいなジャガイモの半分が腐った、と彼は言った。その秋、家庭菜園は雑草だらけのまま放置され、私たちは町でジャガイモを買うようになった。

*

やがてスーパーマーケットは、販売したものにたいして私たちファーマーが受け取る価格を下げはじめた。オーストラリアから戻ってきたころまでに、状況は絶望的になりつつあった。私たちはある日、肥育した大量の羊を売るために地元の家畜市に行った。父さんは価格のあまりの安さに愚痴を言い、スーパーマーケットのために働くディーラーにどうせぼったくられるだけだと言った。

帰り道、数軒の大規模な低地農場の横を車で通り過ぎた。父さんは、道路脇の土地を憐れむように見つめていた。「なんてこった、やつらは畑に何か怪しいものを与えてる」。彼は、畑で育つ作物の大きさと色に度肝を抜かれていた。草は異常なほど速く成長し、この世のものとは思えないほど濃い緑色だった。合成肥料まみれである証拠だ。父のコメントは半分が感嘆、半分が恐怖に駆られたものだった。この農場のファーマーが一線を越えてしまったのかどうか、判断がつかない様子だった。

＊

私の家族は誰ひとり、自分たちが農場で行なっていることについてうまく説明できなかった。まわりの農業世界に何が起きているのか、明確に分析する術もほとんど持ち合わせていなかった。そこで私は本を読み、答えを探しはじめた。A・G・ストリートの『ファーマーの栄光』（*Farmer's Glory*）やヘンリー・ウィリアムソンの『ノーフォークのある農場の物語』（*The Story of a Norfolk Farm*）といった農耕牧畜についての古典的な作品が大好きだった。さらに、役立つ情報が満載ではあるものの、ひどく退屈な無数の教科書を読みあさった。そして私は、わが家が「混合」および「輪作」農場であることを学んだ。さまざまな異なる作物を栽培し、数種類の異なる家畜を飼育しているので「混合」だった。何世紀もまえから続く一定の順序にしたがって区画が利用されていたので「輪作」だった。

＊

農耕牧畜のすべての歴史は実際のところ、生産にたいする自然の制約を克服しようと試み、しばしば失敗する人々の物語だった。そのような制約の主たるものが、土壌の肥沃度だった。農民たちは、果てしない実験による試行錯誤を積み重ねてたいへんな苦労をしながら、土壌を過剰に利用すると生態系が崩れ、それにともなって生活・繁栄する人間の能力が損なわれることを発見した。何度も何度も同じ作物を作りつづけると、畑はかならず消耗してしまった。なぜなら、それぞれの作物が土壌から特定の栄養素を吸収し、やがて肥沃度の蓄えを空《から》にしてしまうからだ。その後、使い尽くされた土壌では作物病害や害虫が増え、壊滅的な状況に陥った。自然はかならず、農民の傲慢さに罰を与えた。人間の農法が土壌を劣化させ、やがて文明全体が消滅した。

その幾多の奮闘と失敗から導きだされた解決策が、異なる作物の栽培と土地の利用法によって輪作するというものだった。ある一画で穀物の種を蒔き、ある一画で家畜を放牧し、休養・回復させるためにある一画を利用せずに雑草だらけにしておく。異なる種類の作物を育てると、その根や収穫後の作物残渣《ざんさ》をとおして異なる栄養素や有機物を土壌に戻すことができる。小麦を栽培したあと、農民はオーツ麦を蒔くこともできる。あるいは耕作のしすぎで土壌が疲れているときには、畑の利用を一時中止して休閑地とする。この一連の作業によって土壌の回復が促進され、将来的に引きつづき畑で作物を育てることができるようになった。古代の農民と同じように、私の父と祖父もこの輪作がなぜうまく機能するのかくわしくは知らなかった。しかし二〇〇〇年もの歳月を経てもなお父たちは、同じ基本的な規則にしたがった。私は農場で生まれ育ち、一一年にわたって学校教育を受けてきた。にもかかわらず誰ひとり、これらの農法が利用される理由をいちどたりとも説明してくれなかった。私にとって、それは驚くべきことに思えた。

持続可能な農業システムを見つけるための多種多様な試みについて、私はさまざまな文献を読んだ。そのなかで発見したとりわけ奇妙な側面のひとつは、私の知る土地利用のパターンが時代を超越したものではないということだった。むしろかつての方法は、まるっきり異なるものだった。中世イングランドの小作農民たちは、耕作地を多くの細長い小さな地条《ストリップ》に分割した（牧草地はコモンとして扱われ、決められた数の動物を放牧する権利が各世帯に与えられた）。作物栽培用の畑では、それぞれの地条が異なる小作農民に割り当てられ、ひとりの農民がもつ複数の区画が行政教区じゅうに点在するようになった。与えられる土地の量は、扶養家族の数によって決められた。各農民は、オーツ麦、大麦、ライ麦、そのほかの主要作物を育てた。しかし、このようなバーコード状に分けられた畑が与えられたとしたら、私の祖父は当惑していたにちがいない。土地をより大きく効率的なサイズの畑に分割することができるにもかかわらず、なぜ細長い地条をとぼとぼ歩いて往復しなくてはいけないのか？　プラウ、鍬、大鎌、小鎌をもって地条からべつの地条へと移動するのは時間の無駄ではないのか？　地条と地条のあいだに四、五〇センチの緩衝地帯を残す理由は？　しかし私は、土地をこれらの小さな地条に分割することが実用的なバリアとなることを学んだ。そのバリアが植物の病気や作物を食い荒らす害虫が広まるのを遅らせ、害虫を餌とする花粉媒介者や昆虫に住処を与えた。それぞれの家族が食糧を得る場所が行政教区の異なるエリアに分かれているため、極端な天候の影響から人々を守り、干ばつや作物の病気のリスクが軽減された。しかしその根底にある原則は、古代の農民の土地で行なわれたのと同じように——規模こそちがえど祖父の土地と同じように——複数の作物を輪作するというものだった。耕作地において絶対に守られるべき法則とは、土壌を健康かつ肥沃に保つことだった。

それから数世紀のあいだに、畑を肥沃に保つ農民の闘いには大きな進歩があり、土地を分割する方法も変化した。なかでも大きく変わったのは、中世における共同所有の細長い地条が、より少ない人数によって個人的に耕作される大きな区画に〝囲い込み〟されたことだった。一七世紀になるとイギリスのファーマーたちは、クローバーを植えると土壌の肥沃度が高まることを発見した。クローバーは、大気中の窒素（作物の豊かな成長をうながす眼に見えないカギ）を固定して根をとおして土壌に送り込み、非生産的な休閑期を継続的な生産期に変えた（それ以前にこの余分な窒素が畑にもたらされるのは、運よく落雷があったときだけだった）。クローバーの牧草地では羊や牛を放牧することもできるため、肉、牛乳、羊毛の収穫量が増した。さらにこの放牧によって耕地雑草が消え、肥やしと有機物が芝生に踏みつけられ、土壌の微生物の働きと健康状態が保たれた（疲弊した作物栽培地に羊がもたらす効果は、「黄金の蹄《ひづめ》」と呼ばれた。羊はその蹄によって、栽培地をふたたび健康的で生産的な場所に変えた）。私が子どものころ、祖父はまだ大麦畑にクローバーの種を蒔いていた。そうしておくと、穀物を収穫したあと、緑が薄っすらと残る刈り株畑で羊を放牧することができた。

私はいまになって、祖父が牛の肥やしについて一喜一憂していたわけを理解した。それは農場の養分循環の大切な一部であり、賢明な人はけっして無駄にしないものだった。人間あるいは動物が食べるために畑から収穫されたものはすべて、土壌から栄養を奪い取るため、それを補塡する必要があった。過去二、三〇〇年のあいだ増えつづけてきた人口によって、食糧の需要はかつてないほど増加した。多くの土壌で作物が過剰に栽培され、土地は疲弊した。(クローバーを使った輪作システムを利用したとしても) 耕作によって土壌に負担がかかり、時間とともに土地は痩せてしまった。誰もそのことを私に教えてくれなかった。しかし私の祖父は、自身の祖父が「グアノ」を使って見事な作物を育てた物語について教えてくれた。この乾燥した海鳥やコウモリの糞には、栄養が豊富に含まれていた。何世紀にもわたって南米の洞窟や鳥が生息する崖の麓に堆積したグアノは、一九世紀はじめから土壌改善の応急処置のために使われてきた。しかし、これらの古代の自然堆積物はすぐに枯渇してしまった。四世代まえのファーマーは、世界のコウモリ (とカモメ) の糞にもとづく経済の一部に属していた。しかし二〇世紀はじめまでに人類は、人口動態において危うい状況に立たされることになった。新しい肥料の供給源が見つからなければ、人々が長期にわたる深刻な飢饉に突入するおそれがあった。人口増加の勢いが、土に肥料を与えて必要な作物を育てる能力をうわまわってしまったのだ。ところが信じがたいことに、やがてあるドイツ人の化学者が解決策を見つけた。

道沿いに広がる濃い緑色の畑に、彼の名前が刻まれていた。

＊

私の家族は誰ひとりフリッツ・ハーバーのことを知らなかった。しかし彼がいなければ、私たちの生活は大きく異なるものになっていたにちがいない。一九〇九年にハーバーは、大気中の窒素を人工的に水素と結合させて植物のために利用する方法を編みだし、畑の肥沃度の問題を解決した。彼は不可能を可能にし、自然世界の錠前をこじ開けた。自身がたとえたように、ハーバーは「空気からパン」を作りだしたのだ。彼の同僚のカール・ボッシュはこのプロセスを工業的に応用し、売り物となる商品を作る方法を見つけた。結果として開発された硝酸アンモニウム肥料は、農業のみならず社会全体を変えた。ある推定によると、ハーバー・ボッシュ法を利用した農業技術が存在しない場合、世界で食糧を供給できる人口数の限界は四〇億人だという（これが正しいとすれば、現在、この地球上で残りの三〇億人以上が生きていけるのはハーバー・ボッシュ法のおかげということになる）。

ハーバーは一九一八年、「農業の水準と人類の幸福を向上させた」人物としてノーベル化学賞を受賞した。ところが彼の遺産は、単純で無害なものなどではなかった。硝酸アンモニウムは本来、食糧供給を手助けするために開発されたものだった。しかしすぐに、人類史上まれに見る残酷な一連の戦争のなかで爆薬として使われるようになった。ハーバーはさらに、第一次世界大戦の前線で利用された有毒な塩素ガスの開発にくわわった。また、彼が殺虫剤として開発したツィクロンBは、ナチスの強制収容所で数百万人もの人々を殺害するための毒ガスとして使われた。

＊

第二次世界大戦のあと、ハーバーの工業的窒素固定は世界じゅうに瞬く間に広まっていった。硝酸アンモニウムから爆薬を作っていたアメリカの軍需工場は、農業用肥料を生産するようになった。新たな肥料を手にしたアメリカの農民たちは、すぐにある事実に気がついた。小麦や大麦が土壌から養分を吸収したあとでも、「追肥」や表土散布によって人工的な養分を与えるだけで、翌年も同じ作物を植えることができるようになったのだ。もはや、作物と家畜の輪作がもたらす多様性を利用した「循環的な」養分システムをとおして、健康的な土壌を維持する必要はなくなった。これらの農民たちは、みずからの努力によって農場内に豊穣な土地を作るという作業から解放され、奇跡のような市販の解決策を手に入れた。ハーバーの窒素は、すべての農耕牧畜を一夜にして変身させたわけではなく、変化は何十年ものあいだ続いた。とはいえ、過去からこれほど大きく逸脱し、これほど多くのことが派生したのははじめてだった。

戦後、化学機械メーカーのセールスマンたちが、湖水地方を含む世界じゅうの農村地帯に人工肥料を持ち込んだ。農場を訪れた彼らは、出された紅茶やケーキを愉しみつつ、驚くべき作物の写真がのった光沢のあるパンフレットを取りだし、隣人たちに追いつくために買うべきものについてくどくどと話を続けた。

＊

競売市で羊を売った数週間後に私は、例の濃緑の畑を所有する父さんの友人の農場に送り込まれ、「サイレージをリードする」作業をした。運転することになったのは、緑色の巨大なジョン・ディア製トラクターだった。後部に取りつけられた赤いトレーラーには、およそ一〇トンもの草が積み重なっていた。REMとスマッシング・パンプキンズの物悲しい曲がラジオから大音量で鳴り響いていた。私たち六人が行なう作業は、「フォレージャー」――みずみずしい緑色の草を貪り食い、たたき切る機械――から草を運び、ファームヤードのサイレージ用の「ピット」や「クランプ」に移動《リード》するというものだった。ピットに着くと私たちはトレーラーを傾け、楔形の草の塊をコンクリートの上に勢いよく吐きだし、それから大急ぎで畑に戻ってまた草を積み込んだ。その数週間まえ、父さんの友人であるここの農場主はトラクター駆動の「肥料ドリル」を使い、発泡スチロールのような合成窒素の何百万もの小さな粒を春の畑の上に噴霧して「追肥」し、草を生き返らせた。草はぎっしり詰まり、長く、完全に均一だった。すべてひとつの種の草で、一年まえに刈られたものと同じ高品質のライグラスだった。それが、新たに購入された肥料の上ですくすくと育っていた。畑の草は猛スピードで成長し、それまでより三週間も早いタイミングで収穫することができた。それどころか、同じシーズンのあいだに三回から四回刈り込んでもまた成長した。

サイレージとはただの発酵させた湿った緑の草だが、はじめて登場したとき、それは農業界の奇跡のような出来事だった。干し草とはちがって天日干しする必要がなく、たとえ雨が降っていても一日で作ることができた。牛の餌としても栄養価がより高く、結果として牛乳や肉の生産量が増えた。サイレージによって改善された栄養は、このような農場でかつて作られていた干し草に比べて、数万ポンド分の価値を生みだすものだった。

その日の午後に私たちは何時間もかけ、コンクリートと鋼鉄の壁に囲まれたサイレージ用クランプに何百トンもの草を運び込んだ。草が投げ入れられるたび、友人のラスティはトラクターの大型バックレーキで草を何度も押し固め、空気を抜いた。暗くなる直前に私たちは、発酵をうながすために草の山を巨大なビニール・シートで密封し、何百個もの中古タイヤを上に置いてシートを固定した。作業が終わると、みんなで缶ビールを一本ずつ飲んだ。それほど大量の草を一日で安全に収穫できたことを、誰もが誇りに感じていた。わが家の農場ではいつサイレージを作るのかと訊かれたとき、私は恥ずかしい思いに駆られながらも、一カ月ほどさきになるかもしれないと答えた。いまだに古いやり方で大量の干し草を作っていることは言わなかった。そのような方法は突如として、前時代的なものになった。

＊

サイレージを作ったその一日について、はじめて眼にするようなことは何もなかった。改良された草、合成肥料、トラクター、サイレージを作る習慣はすべて、三、四〇年まえからこの地に根づいてきたものだった。しかしその規模とペースがちがい、すべてがはるかに集約的だった。私は、ほぼ終わりに近づいたレースの最終局面にいた。

＊

オーストラリアから帰ってきたばかりの私の頭のなかには、実家の農場を近代化する方法についてのアイデアがたくさんあった。しかしそれを伝えても、父さんはただ肩をすくめて立ち去ってしまった。おそらく、高価な新しいトラクターやトレーラーを買う資金はないと口に出すのは、プライドが許さなかったのかもしれない。おそらく、そのような近代化をほんとうに望んでいるのか彼自身よくわかっていなかったのかもしれない。父は、古いやり方と新しいやり方の狭間で少し身動きが取れなくなっているように見えた。老朽化した一、二台のトラクター、いくつかの錆びた中古の機械、干し草用の古い納屋を使って彼はなんとかやりくりしようとした。サイレージもいくらか利用されたものの、これまでどおり牧草の干し草を作るべきだと父はあらためて考えるようになった。

そこで七月になると、天気予報で晴れが四、五日続きそうなタイミングを待ち、一連のサイクルがはじまった。草を刈り、乾燥させ、ひっくり返し、梱包し、納屋に運ぶ。それは何週間も続く悪夢だった。干し草を作るいちど目の試みは雨によって台無しになったため、その後は一、二区画の牧草地の草をいっぺんに刈るようにした。冬の飼料不足のリスクを最小限にするべく、私たちは一つひとつ慎重に作業を進め、梱をいくつか作り、無事に納屋へと運び込んだ。汗と埃まみれの畑での手作業、納屋での梱の積み重ね作業が何週間も続いた。この作業のために召集された高齢のおじが、自動クランプを使って梱をトレーラーの荷台からエレベーターの下に移動させた。それから母は梱を持ち上げ、ガソリン駆動のエレベーターの上に載せた。屋根裏にいる父と私は梱を互いに向かって放り上げ、層になるように置いた。接合部で交差する「ミュー」と呼ばれる形に梱は積み上げられ、冬までしっかりと固定された。正直なところ私は、この作業そのものについて文句はなかった。しかし、梱を処理するためにより多くの人員と機械をもつほかの農場に比べて、作業にひたすら時間がかかることに苛立っていた。「まるで『ダッズ・アーミー』（第二次世界大戦中の国防市民軍兵をコミカルに描いた、一九六〇年代のイギリスの国民的人気ドラマ）みたいだな」と私はバカにするように父さんに言った。

＊

わが家の農場には、最新の機械を買う余裕はなかった。けれど、巡回セールスマンが置いていったパンフレットを見た私は、この現代的な農業ゲームを本気で攻略したいのであれば、最新の殺虫剤を使うべきだとわかっていた。

オニアザミが腰の高さまで伸び、紫色の花が咲きはじめていた。〈カウ・パスチャー〉の麓の一帯はアザミに占拠され、足の踏み場もないほど繁茂し、牛さえほとんど近づこうとしなかった。私たちの農場には、そのような雑草を刈るために必要な充分な人手がなかった。雑草は手に負えないほど生え放題で、誰かが何か対処しなければいけないのは明らかだった。自分たちが絶望的なほど時代遅れだと私は感じていた。近代的な大規模農場に追いつくためには、父さんが行なう改善ではまだ足りず、それも遅すぎた。そのことにうんざりしていた私は、贔屓にする農具業者から最新のアザミ駆除剤を買った。安かった。ずんぐりとした茶色いプラスティック製ボトルが届くと、それを水で薄めて使った。「ナップサック」と呼ばれる背負い式の小型噴霧機も買い、一週間にわたって毎晩、農場じゅうのアザミとイラクサに吹きつけた。管を大きく振りながら畑を進むと、やがて体はスプレーの白い雲に包まれ、口の奥が乾燥して苦い味がした。私が撒いたのは、説明よりも二倍の濃度に希釈した液体だった。なぜなら、〝科学者〟という御仁《ごじん》たちがいつも安全な場所にとどまろうとするのは誰もが知るところだったからだ。家の脇に差しかかるころまでにアザミやイラクサは見事に枯れ、葉がひっくり返って銀色の裏側が見えた。

数日後、雑草は黒くなって萎んだ。生きたアザミやイラクサはほぼ残っていなかった。ただ枯れただけではなく、種も飛ばなくなった。畑に戻り、生き残った雑草にさらに駆除剤を吹きかけると、地面は完全に土だけになった。数週間のうちに、それまでアザミに悩まされていた農場のすべての区画がきれいになり、雑草がない状態で作物を栽培できるようになった。毎夏に三人がかりで数日かけて行なっていた仕事は、もう必要なくなった。それまで使っていた大鎌は納屋の屋根に吊るされ、わが家の博物館の展示品にくわわった。年月がたつにつれて鎌は錆び、刃と柄のあいだに三角形のクモの巣が広がった。私たちの農場はいままでよりはるかに整然とし、地域の小ぎれいな近代的な農場と同じような見かけになっていった。私は、古い機械が錆びたまま置かれたスタック・ヤードのイラクサに駆除剤を吹きかけた。イラクサやほかの雑草の茂みがある畑の端のところにも噴霧した。これこそ、近代的なファーミングだった。スプレーは忌まわしいほど奇跡的な代物だった。父さんでさえその虜になった。私たちは、未来に向かって進んでいた。

＊

私たちがパーティーに遅れて参加したことはわかっていた。第二次世界大戦期から合成殺虫剤はすでに、作物を雑草や病気から守るために使われていた。一九三九年、スイスの化学者パウル・ヘルマン・ミュラーは、一八七〇年代に開発されたジクロロジフェニルトリクロロエタン（DDT）を利用して昆虫を殺すことができると発見した。硝酸アンモニウムと同じように、DDT

はノーベル生理学・医学賞に輝く〝奇跡〟だった。DDTによって第二次世界大戦のあいだに膨大な数の蚊が駆除され、ヨーロッパの大部分で発疹チフスがほぼ完全に抑え込まれた。その後のわずか数年のあいだに、DDTによってアメリカでマラリアが根絶された。くわえてDDTは、殺虫剤としてファーマーに販売された。作物を枯らしたり腐らせたりするほぼすべての昆虫、菌、バクテリア、害獣を殺すために利用でき、家畜を病気に感染させる病原体をもつ昆虫を駆除することもできた。

私は、大麦の葉についた白カビの染みを見やったときの父のひどく参った表情を忘れられなかった。染みはひどく不快で病的に見えた。私たちの農場の作物はどれも、同じように脆弱だった。悪名高いアイルランドのジャガイモ飢饉は、葉枯病によって引き起こされ、ひとつの作物に過度に依存した社会をぶち壊した。一〇〇万人が死に、さらに一〇〇万人が避難のために移住した。しかし、それは偶発的な事故などではなかった。ジャガイモ飢饉は、殺虫剤が生まれる以前の時代に暮らす誰もが恐れていたもの――収穫の失敗と作物の腐敗――が招くとりわけ悲惨な出来事のひとつだった。昆虫や作物の疫病に悩まされずに、「世界を養う」ための栄養価の高い手ごろな食糧を大きな規模で栽培する、それはまさに革命的なことだった。殺虫剤と人工肥料は私たちファーマーに、かつてないほど効率的に作業を進めるための驚くべき新ツールを与えてくれた。それまでは大量の作物が、害虫、病気、害獣、あるいはバクテリアやカビによって失われた。栽培中の畑はもちろん、輸送、保存、店頭での販売のあいだにダメになることもあった。しかしいま化学者たちは、農業と人間の食物連鎖を永久《とわ》の自然の制約から解放しようとしていた。

＊

その年の夏、青いTシャツ姿の父がトラクターに乗って作業をしていると、うしろから乳白色の殺虫剤の巨大な雲がもくもくと上がった。わが家の古いトラクターは黄色い大麦の海に半分沈みながら、畑を転がるように進んだ。大きく開いたアーム付きの農薬噴霧器が背後に取りつけられており、トラクターの左右にそれぞれ六メートルほどさきまでアームが伸びている。おやじはほかのすべてのファーマーと同じように、〝きれいな〟大麦を育てようとしていた。雑草の時代はもう終わったのだ。

父が作業する姿を見ながら私はふと、祖父がトラクターをあからさまに忌み嫌っていたことを思いだした。祖父はたしかにトラクターや付属の機械を利用したが、それがもたらす影響を嫌った。トラクターに乗ったとたん、ファーマーの体は地面から離れ、土を触ることも、嗅ぐことも、感じることもできなくなる。そのような土との感覚的な接触は、土地を知るうえで本質となるものだった。いまではトラクターの上で過ごす時間がみるみる増え、ガラス、鉄、プラスティックに覆われた空間のなかで、ファーマーの集中はエアコンとラジオに遮られた。祖父にとって機械による作業は、人間の手や動物を使った作業よりも重要度が低いものだった。畑でトラクターをぐるぐるまわして動かす作業など、どんな愚か者にでもできることだった。しかしトラクターは、一日のあいだにできる作業の範囲を大幅に広げてくれるものであり、もはや私たちに選択肢はほとんどなかった。畑に残って働く人々の数は減りつづけ、生き残ったファーマーが畑で過ごす時間も減っていった。

一九七〇年代、おじいちゃんは四五馬力のマッセイ・ファーガソン製トラクターを所有していた。いま私たちが使うトラクターは一〇〇馬力で、知り合いのなかには二〇〇馬力のトラクターを所有する者もいた。より大規模な農場にある巨大トラクターはいまや、あたかもおもちゃを扱うように木を根こそぎ引き抜くこともできた。それらの農場の新しい機械は、信じがたい規模で効率化を成し遂げるために使われ、土地全体が再構築されていった。私たちは畏敬の念を抱きながらその光景を見つめた。感傷的なことなどほぼ存在しなかった。畑は博物館にはなりえなかった。農作業のために馬を利用していた時代に形成された小さく、狭く、曲がりくねった土地は、いまではなんの役にも立たなかった。木、岩、イバラの茂み、石垣、沼地は、整然とした機械作業への妨げとなった。すぐさま畑はより大きくなり、平らになり、水はけが改善され、雑草が少なくなった。林、生け垣、池、沼、川といった障害物は撤去され、排水され、まっすぐにされ、埋められた。機械作業への障害となるものはすべて取りのぞかれた。食糧の価格を下げるには、効率的な地形が必要だった。最新のコンバイン収穫機はときに五〇万ポンドもしたため、小さな土地でちんたら動きまわるのではなく、可能なかぎり広い土地で利用して投資費用を回収しなければいけなかった。

＊

わが家のダイニング・ルームの壁には、農場の航空写真が飾られていた。野心的な写真家たちによって軽飛行機から撮られた写真だった。数年にいちど、彼らはこのような農場の写真を撮って私たち家族に売った。写真を見ると、畑や農場の規模が変化していることがわかった。一夜にしてではなく、絶え間なく少しずつ変わっていた。じっくり時間をかけてそれらの写真を観察すると、土地の境界線がみるみる消えていくのがわかった。石垣、生け垣、柵がなくなっていった。羊の競売会や農芸展示会のためにイングランド南部をごくたまに訪れると私たちは、車窓に広がる景観を驚きとともに見つめたものだ。土地全体が均一化され、地平線から地平線まで見渡すかぎり一、二種類の作物だけが集中的に栽培されていた。ひとつの農場の規模でかつて機能していたものがいまでは、はるかに大きな規模でも機能するようになり、地域全体で一、二種類の作物だけが生産されていた。伝統的な混合農場には、規模に限界があった。運営するためにはファーマーにくわえ、牛や羊を移動させ、生け垣を造り、石垣を築き、そのほかのさまざまな手作業をする人員が必要だった。新しい農業は、そのどれをも必要としなかった。

＊

私のおじとおばは、最新鋭の家畜生産システムと農機具を実際に見学するために北アメリカに旅行に行ったことがあった。私たちの農場よりも優れた低地農場を運営するふたりは、ずっと以前から変化を受け容れてきた。そんな彼らは、変化の伝道師となってアメリカから戻ってきた。お土産は野球帽とハーシーのチョコバーだった。より先進的なトラクター、農機具、家畜についてのふたりの話に私たちは聞き入った。すぐに、それらは地元の農場にも姿を現わしはじめた。これまで何年ものあいだ手作業で鋤を使って排水溝を掘り、馬に引かせたプラウのうしろを凍えた手足で追いかけ、手に水膨れを作りながらシャツが汗だくになるまで牧草を刈りつづけた人々にとって、それは大いなる前進に思えた。

＊

全員が見つめるなか母が台所ですすり泣き、その頰に涙が伝った。誰もそんな母の姿を見たことはなく、室内は気まずい空気に包まれた。くわえて、私がそれまで経験したことのないべつの感覚もあった。恥だ。家族みんなでファーマー仲間の葬儀に参列し、そのあと親戚一同で喧嘩がはじまった。喧嘩の原因ははっきりとしていたが、喧嘩の実際の中身はそれとはかけ離れたものに思えた。どうやら、私の父が適切な種類の喪服を着ていなかったせいで親戚が恥ずかしい思いをしたということらしい。葬儀に参列する男性はその場にふさわしい身なりをするだけではなく、まったく同じように見える必要があるというのだ。悲しみを跳ね返すために、分厚いダークグレーか黒の毛織物のジャケットに身を包んで教会のうしろのほうや中庭に立ち、羊飼いについての古い賛美歌を歌うのが習わしらしい。適切な種類のジャケットがあることなど私は知る由《よし》もなかったが、そのことを発端に親戚のあいだで言い争いがはじまった。おばのひとりが、父さんがきちんとした恰好をしていないのが恥ずかしかったと言った。なんてみすぼらしくて安っぽい恰好なの、と。父は毛織物の葬儀用ジャケットをもっておらず、薄手のジャケットを着ていた。彼は尊重すべきルールを破り、本来は見せるべきではない現実をまわりの人々にちらりと見せてしまったのだ。

両親と祖母がファームハウスに戻ってきた。暖炉のそばの椅子に静かに坐った父さんは、傷つき、怒っているように見えた。私は紅茶のカップを握りしめた。母さんに泣き止んでほしかったが、どうすればいいのかわからなかった。祖母は、わざと話を逸らして食器棚のなかの何かについて騒ぎ立て、自分の娘の辛辣な言葉と義理の娘の涙のあいだには立ち入るまいと必死だった。母さんは、台所のテーブルの椅子にぐったりと坐り込んでいた。農場の生活は彼女にとって、奇妙なルールとややこしい習慣だらけのものだった。今日のような地域をあげた盛大な葬儀、それが意味するもの、それが象徴するものを母は深く知らなかった。母はあまり頻繁に感情をあらわにしなかったが、今回ばかりは我慢の限界を超えてしまったようだ。「どうしろっていうの？」と彼女は言った。たかがジャケットでしょ？　私は突如として、それがすべてお金の問題なのだと気がついた。父さんが適切な種類のジャケットをもっていなかったのは、母がお金を節約しようとしていたからだった。数年前に祖父の古い農場の土地を買うために両親が借りた金が、とんでもない金利上昇のせいで巨額の負債へと膨れ上がっていた。お金を使っても呪われ、使わなくても呪われると母さんは言った。彼女は自分が失敗したことを知っていた。父と母は、その失敗をなんとか隠すように振る舞うことを求められた。父がおばを許したのは数年後のことだった。それから何年ものあいだ父は、葬式に行くときに家族が身に着けるものに眼を光らせ、全員が適切な恰好をしているかたしかめた。

＊

銀行の支店長が定期的に家にやってきた。ミルクティーのマグカップ、ケーキとビスケットの皿が三皿用意された。取引明細書と請求書が入ったボックス・ファイルがテーブルの上に置かれた。話し合いのあいだ、私は邪魔にならないよう仕事に行けと言われた。しかし、そのあとの食事中に両親が無言のまま視線を交わしているのを見るだけで、状況がひどく深刻であることがありありと伝わってきた。おじいちゃんは、私たちが住む世界の現実にあえて眼を向けようとせず、死ぬまで徹底的にその信念を貫いた。父さんにそんな余裕はなかった。何か手を打たないと農場は破産する、と彼は言った。

*

私は、この厳しい新世界のルールを理解していると思《おぼ》しき経済学者たちが書いた本を見つけた。彼らが何を知っているのか、どうしても知りたかった。学者らの現実主義には感嘆せざるをえなかったものの、それは私が愛してきた世界に残酷な終わりが訪れることを意味するものだった。ヨーゼフ・シュンペーターは、すでに一九四二年の時点ですべてが起きることを予期していた。彼の本によると、小規模農場の死は避けがたいものであるだけでなく、社会にとって良いことでもあった。シュンペーターはこれを逃げることのできない資本主義のプロセスの一部だと説明し、「たえまない創造的破壊の強風」と呼んだ。誰も歴史のまちがった側にいたいと思う者はいない、どうにか自分たちでそれを乗り越えるしかないと経済学者らは主張した。小規模農場のファーマーはかつての炭鉱労働者のようなものであり、もはや過去の人々だった。学校に戻り、ふたたび教育を受け、さきに進め、というのが経済学者の助言だった。アメリカのニクソン政権で農務長官を務めたアール・バッツが、農民に向けて「規模を大きくするか、やめるか」と繰り返し訴えたのは有名な話だ。トウモロコシのような大規模取引される農産物を「柵の端から端まで」栽培しろ、未来のない古いやり方は根絶されなくてはいけないとバッツは言った。「この国で有機農業に立ち返ることを望むなら、まず誰かが決めなくてはいけない——アメリカ人のうちどの五〇〇〇万人を餓死、あるいは空腹にさせるのか」

仕事のあいだ、この経済的な思想を私は意気揚々と披露したが、父は大きくため息をつくだけで何も言わなかった。もっと「生産的」かつ「効率的」になる必要があるとわかっていた。もっと自分本位になり、金にならない作業に多くの時間を費やすのをやめなければならなかった。父さんはよく、無償で共有緑地《ヴィレッジ・グリーン》を手入れし、村の集会所のペンキを塗り、隣人の羊の毛刈りや干し草作りを手伝った。彼は幼い馬を調教するのが大好きで、ときに何時間もかけて訓練した。競売市に行って取引の様子をうかがい、ごく少数の羊や牛を売り買いするのが大好きだった。

*

新しいテクノロジーの出現とその利用によって、古いセーターのほつれた毛糸を誰かが引っぱるように、農場が解《ほど》けていった。まず、馬がいなくなった。つぎに豚が消えた。それから、七面鳥と雌鶏の小さな群れがいなくなった。農場のピースが一つひとつ取り去られるたび、あらゆる種類の連鎖反応が起きた。馬が売られると、オーツ麦の畑も必要なくなった。乳牛がいなくなると、搾乳場にはイラクサが生え、バター攪乳機、へら、型は食糧貯蔵室の埃っぽい棚のなかにしまわれた。カブや大麦の畑を耕すこともなくなった。代わりに、輸入されたアメリカ産ルピナス、トウモロコシ、ヤシの穀粒から作られた安価な羊の餌を地元の工場から買った。父さんの借り農場の畑はどこも、すぐに同じ濃さの緑に覆われるようになった。

国じゅうで大規模な単純化がすでに進み、勢いはさらに増すばかりだった。誰もが、それを模倣することによって新しい集約農業に追いつこうとした。当時の私が目の当たりにしていたのは、大いなる収奪のクライマックスとなる段階だった。ファーマーたちは農場の輪作プロセスを取りのぞき、特定の作物や動物に特化し、人工肥料と殺虫剤を撒き、新しい機械を買い、収穫量の増加と維持のために使えそうな考えや情報をなんでも利用した。それは一種の軍拡競争だった。大規模な近代的農場はまさに、私たちのような古くさい小規模農場を呑み込もうとしていた。

＊

農業の経済学は、この流れから身を引くことを事実上不可能にした。ファーマーが「一時停止」ボタンを押し、ただ望むからという理由だけで特定の瞬間にとどまる選択肢など存在しなかった。そのような人々はただ破産するか、私たち家族のように借金の渦に巻き込まれるだけだった。農産物の価格はいまやグローバルなものとなった。その価格は、超効率化された新しい農業をとおして生産される膨大な量の農産物によって押し下げられていった。北米を支配するその種の新農業は、世界じゅうに急速に広がりつつあった。ヨーロッパは、多くの場合において効果的ではなかったものの、より強い規制と保護貿易主義によってこれらのプロセスを食い止め、遅らせようとした。ヨーロッパには、動物福祉《アニマル・ウエルフエア》や抗生物質の利用などについて異なるルールがあり、行なわれる農耕牧畜もアメリカとは別バージョンのものだった。しかし時《とき》とともに、ほかの地域と同じ問題がたびたび浮かび上がってきた。新しい農業は、より低い価格で商品を提供することによって古い農業システムを弱体化させた。価格はもはや、地域的・季節的な農業の現実を反映したものではなかった。実際問題として私たちの農場の羊の価格は、数十年まえに比べて半分以下になった。羊肉の価格が少しでも上がりそうなときには、冷凍の羊肉をたんまりと積み込んだ巨大船がニュージーランドからイギリスの港へとやってきた。そして、価格はまた下がった。

＊

口ひげをたくわえた小柄なウェールズ人が、一年にいちど私たちに会いにやってきた。政府のために働く彼は、補助金を得て農場を「改善」するべきだといろいろな提案をしてきた。土地を広げ、沼地を排水し、全体的に農場を「生産的」にしたほうがいいと彼は言った。

＊

地域でもとくに大規模な農場でときどきアルバイトをする機会があった私は、新しい農業がどんなものかを間近で見ることができた。雑草のない広大な畑、巨大な機械、どでかい建物。そこは私が子どものころから知る農場であり、古い建物のなかに新しい建物が少しずつ増築されたため、どこかおんぼろ感が漂っていた。古い殻をつぎつぎと脱ぎ捨てるヤドカリと似ていた。一九五〇年代にこの地域の農場の建物は、二二フィート（約六・七メートル）の梁間《スパン》（地元の木で梁を作ることができる幅）を守るという古い法律から解放された。建物は時代とともに大きくなり、いまではわが家から数キロさきで怪物級の倉庫と広大な工業団地の建設が進んでいた。バカでかい鉄骨とコンクリート・パネルでできたその建物は、スパンが二四メートル以上、奥行きは七六メートル以上もあった。やがてすぐに、工場のごとく効率的な見かけで、かつ効率的に機能する農場が次々と生まれた。イーデン・ヴァレーにある知り合いの養豚場は、美しい古い砂岩造りの納屋とアーチ型の構造が見事な小屋をブルドーザーで取り壊し、粗石の山と石敷だけを残し、そこに新しい倉庫を建てた。私の父はそれを無分別な破壊行為だと考え、古いものがまったく尊重されない新しい農業を象徴するものだと嘆いた。しかし新しい考え方にとって、これらの古い建物はただ邪魔なだけだった。

一〇年まえに私は、その養豚場のコテージで暮らす赤毛の少年と遊んだことがあった。農場には五〇〇〇頭の豚がいた。小屋のなかを歩きまわり、分娩枠の横を通り過ぎると、雌豚がジャラジャラと鎖を鳴らしながら低いうなり声をあげた。豚舎の埃っぽい覆いを持ち上げ、オレンジ色の過熱ランプの下でキーキー鳴く子豚たちを見つめた。豚の糞尿から立ちのぼってくるアンモニアが眼に染みた。いたるところにネズミがいた。そのとき、「失せろ」という声が聞こえてきた。タバコをくわえたその男は、「牧夫《ビッグマン》」だった。一九九〇年代までにその養豚場では一二万頭近い豚が飼育されるようになり、毎週五〇〇〇頭以上がスーパーマーケットに卸された。農場主は何台ものトラックを所有し、豚の飼料を搬入し、豚を食肉処理場へ輸送した。振り返ってみると、彼には選択の余地などほとんどなかった。新しい農業は事実上、一頭の豚の価値をそれまでの数分の一にまで切り下げ、一頭当たりの利益率を限界まで縮めた。かくして豚を飼育できるのは巨大な企業だけになり、中小の農場が競い合って生き残ることなどできなくなった。私の父はかつて一四頭の雌豚を飼育し、年間およそ一〇〇頭の肥育豚を販売していた。しかし、ほかの何千の農場と同じようにわが家でも、小規模での養豚をあきらめざるをえない状況となり、ほかの地域にある数軒の工場規模の養豚施設が生産を支配するようになった。同じことが鶏にも起きた。鶏の飼育も機械化が容易で、きわめて安い穀物で育てることができた。そのような流れのなかで私たちはただ世界の意向を受け容れ、順応した。

＊

もともとは良い考えだと思えたものが、やりすぎだと感じるようになりはじめたのがいつからなのか、正確にはわからない。どう考えても、私には先見の明などなかった。ただ覚えているのは、父さんの疑念が大きくなっていくのに気づいたふとした瞬間や、将来にたいする私自身の信頼が揺らぎはじめた瞬間だけだった。

何年ものあいだ、その醜さと緊張感に気づいていた。私たちは、熟練した農場労働者を手放し、出荷価格の下落に押しつぶされ、かつて可能だと考えていた以上に家畜の量を増やした。それを管理しきれず、仕事、借金、混乱に呑み込まれていったファーマーがたくさんいた。みすぼらしい状況に陥る農場はみるみる増え、もはや現実から眼を逸らすことはできなくなった。

私が読んだ経済学の本には、物事が良い方向に進んだことしか書かれていなかった。敗者や惨めさについてはほとんど言及されていなかった。なんの知識もなかったせいで、何年も、ときに何十年ものあいだ耐えつづけた人々の話は出てこなかった。私たちの共同体はバラバラになり、崩壊しようとしていた。

＊

最後の雌牛が残した唯一の痕跡は、肥溜《スラリー・ピット》めの表面についたいくつかの蹄や足の跡と、落ちたときにできた汚い渦だけだった。

私と父は、自宅から数キロ離れた区画から逃げた何頭かの牛の跡を追い、牧草地を進んでいった。逃げたのは二歳の未経産の雌牛で、太ってはいるが臆病な性格で、体は赤い巻き毛に覆われていた。牛たちは古い生け垣を通り抜け、凸凹の地面を横切り、ふたつ目の生け垣を越え、広い野原を通り、新しくできた大規模な酪農場のひとつにたどり着いた。ほとんどの牛を無事に連れ戻し、生け垣を直し、それから最後の一頭を探しに戻ってきた。父さんはすぐに状況を理解した。雌牛は農場の肥溜めに入り込み、一見すると硬く見える表面を走り抜けようともがき、より深いところに落ち、闇のなかへと沈んでいったのだ。父さんは怒り、悶々としていた。肥溜めの貯留槽《ラグーン》のまわりにはきちんとした柵がなく、見るからに危険だった。父はみずから肥溜めに入って牛がいるかたしかめにいくかのような勢いだったが、ありがたいことに思いとどまってくれた。

姿を現わした農場主はどこか防御的で、牛は落ちていないと言い張った。とぼけた振りはやめろ、空《から》になったら牛は出てくると父さんは言った。少しでも柵があれば、牛が落ちることはなかった。どこかの子どもが落ちて溺死するまえに、肥溜めのまわりに安全柵をつけたほうがいいと父は男に訴えた。帰り道、最近は一部の農場の管理状態がひどく、それがいかに危険なことか父はまくし立てた。「ああいう場所っていうのは、死ぬほど危ないんだ」と彼は言った。あたかも私たちみんなが、渦のなかに吸い込まれていくようだった。より速く泳ごうとすればするほど、誰もがだんだんと疲れ、暗闇のなかに引き込まれていった。

＊

私たちは小さな納屋の屋根にのぼり、釘抜き付き金槌とバールで木材の板を剝ぎ取った。穏やかな曇りの日で、板は結露でそぼ濡れていた。開けた穴から、蒸気が漏れてきた。肺炎が発生したため、より多くの新鮮な空気を室内に送り込む工夫をしなければいけなかった。肺炎は湿っぽく暖かいところで蔓延しやすく、過度に混み合った牛舎はその最たる場所だった。毎年秋、父は地元の市場で一歳の肥育用「ストア」牛を買った。夏のあいだ牛は牧草地で放牧され、冬になるとこのような納屋に入れられ、藁の上で過ごした。購入されるのは新しい「大陸種」で、成長が速く、それに合わせて肉の出荷時期も早くなった。赤と黒のリムーザン牛は、恐ろしいほど野生的だった。白いシャロレー牛は、古い在来種の多くよりも三〇センチほど背が高く、たくさん餌をやると丸々と太った。黒と白のベルジャン・ブルーは、隆々たる倍増筋肉《ダブルマッスル》の臀部が特徴的だった。父さんはそれらの牛を育て、越冬させ、肥育し、食肉業者に売った。しばらくすると私たちは、使われていなかった干し草小屋を開放型の牛舎に改装し、サイレージと市販の餌を食べさせるための仕切りを取りつけた。毎年、牛は増え、スペースは減った。年を重ねるごとに利ざやが減り、同じ利益を得るためにますます多くの牛を詰め込まなければならなかった。ところが、それが問題を引き起こした。納屋に必要以上に多くの牛を入れると、敷き藁が踏みつけられて不潔になった。改造された小屋は換気が悪く、空気がすぐにカビくさくなり、狭苦しい室内で病気が蔓延した。ときにそれが大惨事につながって二、三頭の雄牛が死に、全体の利益そのものが消えてしまうこともあった。これら新種の牛は立派で、美しく、驚くほどの生産力があった。しかし、かつて農場で飼育されていた在来種ほど丈夫ではなかった。

さらに羊の数も、祖父の時代よりも二、三倍にまで増えていた。祖父が所有していたフェル農場に父さんが作業に行くあいだは、母と私が羊の出産の世話をした。飼育する羊は、より現代的な「品種改良種」へと移行していった。育ちも速く、価値の高い良質な肉を提供してくれたが、子育ては大の苦手で、より多くの市販の餌を食べ、明確な理由なく死ぬこともあった。出産期のあいだは、一日二四時間でも時間が足りないほどの忙しさだった。納屋の室内は、梱包用の紐で縛られた藁の梱と木枠でいくつかの囲いに仕切られていた。母さんは部屋じゅうを駆けまわり、元気のない子羊が乳を飲んでいるかたしかめ、バケツに水を入れ、干し草を与え、清潔に保つために藁を敷いた。しかし、納屋にいる羊の数はあまりに多く、人手はつねに足りなかった。やがて雨の季節が終わると、とりわけ健康な雌羊と子羊をトレーラーにのせて牧草地へと連れていき、若い母羊が子どもをきちんと世話しているかどうかに眼を光らせた。私は母を手伝い、出産する羊を捕まえていっしょに体を抱えた。何年かまえに骨折した母の足首にはボルトが埋められており、忙しい一日の最後には脚が動かなくなった。家に戻ってきた父は、きまって母を怒らせた。疲れ切って腹を空かせた彼は、母と私による羊の世話についてダメ出しし、フェルの天気はここよりもっとひどかったと愚痴った。そして、急いで用意された夕食のテーブルにつくなり、「おれのフォークがないぞ」と言った。すると母は、フォークを父の胸に深く突き刺さんばかりの形相で睨み返した。

*

農場の動物にたいする考え方やかかわり方が変わりつつあることに、私ははっきりと気づきはじめていた。農場の動物はむかしからペット扱いなどされず、動物について私たち家族が感傷的になることはほとんどなかった。それでも愛情いっぱいに世話をし、そこには一定の親密さがあった。ところが規模が大きくなって機械化が進むにつれ、そのような親密さは失われていった。かつては誰もが農場の家畜の性格をよく把握しており、一匹一匹の動物にかならず裏話があった。良き牧場主を意味する「ストックマン」あるいは「ストックウーマン」の称号を得るためには、農場のすべての牛と羊についての百科事典的な知識をもつことが必要とされた。しかし普及しつつあった現代的な農場では、何かが変わってしまった。かならずしも動物がひどい扱いを受けていたというわけではなく、私自身はそのような現場をほとんど見たことがなかった。むしろ、動物がたんなる生産のためのユニットになったといったほうがいい。

歴史のほとんどの時代において、肉、乳、卵などの畜産物は工業的な規模で効率的に生産することができなかったため、つねに高価なものと位置づけられていた。何千もの豚、鶏、牛を同時に飼育するという事業は、近代以前のファーマーにはとうてい無理なことだった。動物が食べるものの大部分は農場で育てられ、一年の多くのあいだ動物はみずからの口でその作物を収穫して食べた。よって畜産農業の規模は、ファーマーが冬のあいだ飼育できる動物の数の範囲に制限されることになった。冬用の餌となるのは、簡単に育てることのできるカブのような耐寒性のある作物、あるいは大麦、オーツ麦、干し草のように、収穫したあとに納屋で貯蔵できる作物だった。しかし、大量の安い飼料が電話一本で手に入るようになったいまでは、そのような制限はなくなった。室内環境がしっかりと管理された大きな建物を利用すれば、容易に規模を拡大することができるようになった。さらに、体重、牛乳、卵にたいする飼料効率がはるかに向上した。誇り高き現代的なファーマーなら誰ひとり、わざわざ年老いた牛や病気の牛を手元に置いておいたりはしないだろう。私の父がオールド・ブラッキーにしたようなことはしない。それらの巨大な倉庫のなかの豚、鶏、牛は個々として存在するのではなく、作物のように扱われ、「収穫」を生みだすために大量生産される実在物《エンティティー》となった。多くの人にとっては大きな問題ではなかったのかもしれない。しかし私は、それを不吉で異質なものだと感じた。

＊

私たちの知る近代化された酪農場では、牛が牧草地で放牧されることはいっさいなくなった。

農場の群れがおよそ二〇〇頭以上の規模になると、牛を外に連れだすときの管理がむずかしくなる。通勤時間にもかかわらず、小道や道路を行き交う車を停めてまで牛を移動させるのはひどく時間のかかることだった。雨の日には土が掘り起こされ、大量の牛の重みによって草が踏みつけられてぐちゃぐちゃになった。餌となる草を刈り、トレーラーで建物内に運び込むほうがはるかに〝効率的〟だった。そのような酪農場の牛たちは、歩いてカロリーを〝浪費〟することもなかった。管理するうえでは賢明なことであり、ほかに選択肢はないに等しかったが、父はそれを嫌った。友人たちがすでに現代的な酪農に取り組んでいたため、この話題についてあけっぴろげに話すのはなかなかむずかしいことだった。当時のスーパーマーケットは、価格競争の一環として安い牛乳を大々的に宣伝していた。実質価格がみるみる下がるなか、酪農家たちもじっと我慢しているわけにはいかなかった。やがて牛乳の価格は、ペットボトルの水よりも安くなった。これらの近代的な酪農場は、より大規模に、より強くならなければいけなかった。ファーマーたちは、それが許されることだとなんとか自分を納得させた。納屋で育てられた牛はじつに立派に見える、自分たちは最善を尽くしているだけだ、と彼らは言った。私の父は、動物愛護運動家などではなかった。冬のあいだ牛舎や納屋に隔離された彼の牛は、ひどく汚れて見えることもあった。父は、家畜として牛を飼育することの現実を受け容れていた。しかしながら、夏のあいだ牧草地で過ごす機会を与えず、あたりを駆け抜けて遊びまわるあの春の自由の瞬間を奪うのは、牛にとって何が正しいことなのかという父の考えから逸脱するものだった。ところが新しい農耕牧畜は、独自の道徳観と倫理観を生みだした。その世界に囚われた人々は、自分たちの考えを変えるか、あるいは立ち去るしかなかった。当初は衝撃的だったものは、すぐに新しい正常《ニュー・ノーマル》になった。

＊

私が読んだ歴史書には、それが正常なことなどではないとはっきり書かれていた。二〇世紀以前、大量の家畜をひとつの囲い、納屋、牧草地に一定期間以上にわたって入れておくのは、みずから災いを招くような行為だとされていた。その冬のわが家の雄牛のように、隔離された動物は発育不良や病気になることが多かった。不潔な環境が病気や寄生虫の発生へとつながり、必要なビタミンやミネラルも不足がちになった。結果として、家畜生産において集約的な方法を追求しようとする農家は、壊滅的な損失をこうむりやすくなった。

野生の世界では多くの寄生虫が、牛、羊、豚、鶏などの動物の体に寄生している。しかし、寄生虫が家畜の群れに打撃を与える力は、動物が田舎の広い土地に散らばり、ほかの種と交じり合うことによって最小限に抑え込まれる（宿主となる動物間の移動がきわめて少なくなるため）。唾液、尿、糞をとおした病気の伝播は限定的なものだ。自由に動きまわることのできる野生動物の多くは、自分の糞で覆われた土地から離れ、新鮮な牧草地を見つけるために移動する（あるいは、捕食動物に追われて移動を余儀なくされる）。そのため、回虫のような寄生虫に曝露する機会も少なくなる。古くからの牧歌的《パストラル》なシステムは、野生の世界で機能することを真似る傾向があった。放牧された牛や羊がもっとも健康に育つのは、羊飼いや牛飼いに連れられてさまざまな場所に移動した場合、あるいは土地全体を自由気ままに歩きまわった場合だった。動物たちは多種多様な植物をみずから見つけて食べ、それをとおして必要な食事だけでなく、ミネラルやビタミン、場合によっては薬も得ることができた。

新しい集約農業は、汚れやすく、ストレスが多く、病気になりやすい環境に動物たちを置いた。そして薬（とくに抗生物質）、駆虫剤、ホルモン剤、ワクチンを使い、それらの問題を改善しようとした。家畜が病気になりやすい工場規模の混み合った環境のなかでは、抗生物質の投与によって動物の健康が保たれた。当然ながら抗生物質は当初、病気を発症した個々の動物を治療するために使われていた。しかし不穏なことに、やがて病気を防ぐために、さらには成長を促進するために、より大きな規模で投与されるようになった。一九五〇年にニューヨークの科学者たちは、餌にごく微量の抗生物質をくわえると、動物の成長率が高まることを発見した。それから抗生物質は、飼料効率を上げるために牛、鶏、豚の餌の一部として日常的に使われるようになった。とくに、どこよりも集約的なアメリカのシステムではその傾向が顕著だった。

抗生物質とワクチンにつづいて、ほかの多くの医薬品が登場した。たとえば駆虫剤は水薬として利用され、内部寄生虫を追いだすために咽喉の奥へと流し込まれた。シラミのような外部寄生虫を殺す殺虫剤、動物の成長を促進するホルモン剤、羊の毛と皮膚の寄生虫を殺すための有機リン酸エステルの洗羊液……。これらのツールをとおしてファーマーは、かつては不可能だった規模で動物を狭い室内に集めて飼育することができた。農場は少しずつ機械に近づいていった。まさに、会計士によって設計された数字による農業だった。専門家はそれを「工場畜産」と揶揄した。

*

父さんはときどき大規模な酪農場に雇われ、穀物の収穫を手伝いにいくことがあった。巨大なトレーラーを牽引する巨大なトラクターを運転し、穀物を畑から納屋に運ぶあいだに父は、牛の飼育方法の現状を目の当たりにした。大規模農場のいい加減で無頓着な労働倫理を嫌う彼は、ぶつぶつ文句を言いながら帰ってくることも多かった。その農場の牛は一日に四五リットルもの乳を出すことができたが、危うい状況下で暮らし、その頑強さは大きな犠牲のうえに成り立っていると父は言った。悪天候や病気に対処できない牛たちは、サラブレッドの競走馬のように過保護に扱われなければいけなかった。きまって一〇頭に一頭は脚が不自由で、膝や飛節（足首）に傷があった。病気の牛は年老いたカラスのように痩せ、大きく膨らんだ乳房をぶら下げてよろよろと歩き、乳房炎にかかりやすくなった。この地の牛をかつて溺愛していた誇り高き老齢のある牛飼いは、群れがどんどん大きくなるのは物事がうまくいっていない証拠だと何年にもわたって文句を言い、ついに仕事を辞めた。

ある日、一頭の雌牛が出産した。生まれたばかりの子牛に注意を払うのは誰の仕事でもないらしく、子牛は見捨てられたまま数時間後に死んだ。父さんは怒り、戸惑っていた。なぜこんなことが起きてしまうのか、理解できなかった。しばらくすると、農場を息子に譲った年老いた父親がやってきて、コンクリートの上に横たわる死んだ子牛を見て悪態をついた。その父親はかつて誇りをもって牛を世話してきたが、むかしのように世話しようとする者はもう誰もいなかった。この農場の男たちは「役立たずの糞ったれ」だと彼は言ったが、かつての思いやりのある飼育方法から逸脱したこの新しいシステムをまえに意気消沈しているようだった。もう歳を取りすぎてしまい、まちがいを正すために彼にできることは何もなかった。作業員の男たちはただ肩をすくめ、ほかの仕事をするためにそそくさと去っていった。私の父の眼には、仕事、土地、牛、人々がみな価値を奪われているように見えた。伝統的な農法にこだわる人々は、精神的に打ちのめされていた。物事を注意深く見て判断するというファーマーの誇りは消えようとしていた。私の祖父がゲートに立って景色を見渡したとき、彼は綿密で思慮深い観察をとおしてあらゆることを計算していた。伝統的な方法で動物を管理するには、専門的な知識と判断力にくわえ、動物を大切に世話してそのニーズを理解する熟練者が必要だった。これらのスキルを、大量生産の規模に合わせておいそれと応用することなどできなかった。その種の農耕牧畜は、画一的でも予測可能なものでもなかった。動物はそれぞれ形や大きさがちがい、成長する速さもちがった。ファーマーは、準備が整ったタイミングを見計らって動物を解体し、保存し、調理した。毎週決まったタイミングでそうするわけではなかった。それは、まったく同じ見かけの商品を同時に多くの店に出荷するという工場の理想とはかけ離れたものだった。しかし信じがたいことに、家畜はみるみる画一化されていった。

超集約農業に携わるファーマーのなかには、私たちの友人もいた。パブや農芸展示会で話を聞くと、彼らが完全に新しい考え方にもとづいて農業を行なっていることがわかった。まるで、まったく異なる人種のファーマーのようだった。友人たちは科学、技術、工学を応用して農業の問題を解決し、産業的な効率化を成功させた。まさに、経済学者の考えの体現者だった。

動物の遺伝学を研究する科学者たちは、「役に立たない」遺伝的形質を特定して取りのぞくことに成功した。そのなかには、半自然環境のなかで動物がつねに必要としていた、ごく基本的な特性や本能も含まれていた。研究の焦点はやがて、成長の速さ、体の大きさ、乳量や飼料効率の向上といった生産形質の開発へと移っていった。運動、餌探し、さらには自然繁殖に必要な動物の体の部位は、世代が移り変わるたびに小さくなり、人間の消費に役立つ部位は大きくなった。家畜の体格におけるこれらの変化は、ひとつの魔法の成分によって一気に引き起こされたわけではない。一連の科学的教義とツールが組み合わせて応用され、〝わずかな進歩〟を見つけることによってそれは実現した。たんに優秀な選手を集め、一流スポーツチームを編成するようなものではなかった。しかし、結果としてもたらされた動物の外見の大きな変化は並外れたものであり、かつ不穏だった。

生産性がとくに上がったのは豚と鶏だった。豚と鶏は大量に室内で飼育することができ、きわめて短いスパンで子どもを産んだ。選択的に繁殖させ、安いトウモロコシや小麦の餌を効率よく肉に変換することもできた。私が読んだ資料によると、一九五〇年代以降、鶏の卵の孵化から食肉解体までにかかる期間が、もっとも集約的なシステムでは六三日から三八日に短縮されたという。鶏一匹当たりに必要な飼料も半分に減った。同時に、これらの新しい豚と鶏は抗生物質で生かされ、大量のプロテインを与えられ、温度が保たれた室内で飼育された。たしかに、家畜はむかしからずっと搾取されつづけてきた（あまり良い言葉ではないものの、基本的にそれが真実だ。すべての細胞の生存は、ほかの生物を利用することに依存している）。しかし、集約的に飼育された動物にたいする搾取は、極端なレベルに達していた。

大企業はこのような一連の変化を設計したのち、改良された豚や鶏の遺伝子だけでなく、加工・サプライチェーンをも〝支配〟した。養鶏業は大企業にほぼ全面的に乗っ取られた。小規模農場は姿を消したか、あるいは大企業の〝請負〟で豚や鶏を飼育せざるをえなくなった。私が二〇歳になるころまでに、数キロさきにある二軒の巨大工場のような養豚施設をのぞいて、地元の農場から鶏や豚がほぼいなくなった。

多くの友人や家族が酪農を営んでいたので、私たちはその世界の変化を間近で見守ってきた。父の子ども時代、この地域の乳牛のほとんどはショートホーン種だった。赤と白、あるいは粕毛《かすげ》色の体毛で覆われ、ずんぐりとした体形のこの牛は、ほぼあらゆる野外の条件にも順応できた。いわゆる「兼用種」であり、きわめて高い水準とまではいかないものの、ある程度の水準の肉と牛乳を生産できた。歴史的な記録を見ると、伝統的な農耕牧畜システムにおける一頭当たりの牛の生産性についての正確な基準値がわかる。この牛種の情報が記載された「ショートホーン年鑑」によると、一九五四年から一九五五年にかけて、（乳量が記録されている群れのうち）この地域のもっとも大きな群れには三三頭の牛がいたという。ショートホーン牛協会は、一日に一六リットル前後の乳を出すとくに高乳量の牛にメダルを授与した。これらのデイリー・ショートホーンはまず、一九六〇年代から一九八〇年代にかけて白と黒のホルスタイン・フリージアン種に取って代わられ、一九九〇年代以降には北米のホルスタイン種に取って代わられた。大幅に品種改良されたこれらの牛は、私が子どものころに父が搾乳していた牛の二倍以上となる、一日に四〇～四五リットルの乳を出すことができた。大切な点なので、もう少しくわしく考察してみたい。人類は一万年の時間をかけて牛を家畜化し、一日に一八～二三リットルの乳を出す牛を生みだすために段階的に選抜育種を繰り返してきた。しかし、私の生きているあいだに乳量は倍増した。農耕牧畜の関係者以外で、この変化がどれほど信じがたいものなのかに着目した人はほとんどいない。最高の乳量を誇る新種の牛の多くは、二、三回の泌乳期（分娩後に乳を出す期間）を終えた時点で体力が消耗してしまう。大量の乳を出すことだけに特化して品種改良されたせいで、脚の異常や乳房炎が起きることもあれば、たんに疲れ果ててしまうこともある。父さんは北米ホルスタイン種を軽蔑し、少し雨に降られるだけできまって風邪を引いてしまうと言った。
驚くべきことに、この品種改良のプロセスは減速するどころか、ますます加速している。イギリス最大の群れにはいまや一〇〇〇頭以上の牛がおり、海外では数万頭の牛がひとつの群れとして飼育されている例もある。現在、イギリスで流通する牛乳の五〇パーセント以上は、室内のみで飼育される牛から搾乳されたものだ。牛の品種改良の変化のスピードはすさまじく、一部のエリート集団では、各世代の一回目の出産で生まれた雌の子牛だけが群れに残される。なぜなら、その親牛が一年後に二回目の出産をするころには、より優れた遺伝子をもつ（一歳年下の）つぎの世代の牛が出産できるようになるからだ。

*

動物が室内で飼われるようになると、かつて農場のいちばん平らな牧草地でサッカーの試合に興じていた大勢の農場労働者が姿を消した。わが家の最後の住み込み労働者だったスチュアートは、一九七八年に祖父の家の小部屋を出て地元の町に引っ越した。彼は親戚も同然であり、癌《がん》を患ったときは祖母がつきっきりで世話をした。私の父に農耕牧畜の基礎をおもに教えたのは、祖父よりもむしろスチュアートのほうだった。三〇年まえまで、そのような男性（と女性）は地域のいたるところにいた。彼らは土地に精通し、ときにその知識は農場主をも凌駕するものだった。

しかし、農場労働者は年々減っていった。いまやほとんどの人々は、自分が食べるものを与えてくれる畑に足を踏み入れることさえなくなった。この変化を単調でつまらない作業からの解放と見るのか、人間の生活を支える重要なプロセスとの接点が失われてしまったと見るのか、それは考え方次第だ。

*

私たち家族の生活はより断片化し、より個人的なものになり、扉のうしろに隠されてしまった。父が若いころに流行《はや》っていた地元のダンスパーティーも、いまではほとんど開かれなくなった。一九八〇年代に飲酒運転にまつわる法律の厳罰化が進むと、これらの多くの社交行事のために必要だった車での移動ができなくなった。地元の村のパブは二〇年まえに閉店し、男たちは家にこもってばかりになった。父の友人たちの一部は最後の最後までこの流れに抗い、遠くの村のパブからの帰り道に牧草地を横断する数々の小競り合いを繰り広げた。警察に追われた彼らは、カブや大麦の畑を突っ切り、真夜中に自宅の農場の家に泥まみれになって意気揚々と転がり込んだ。村の集会所は老朽化し、埃に覆われるようになった。村民の数は減り、高齢化が進んだ。いまや多くの人が、退職後に町から田舎の美しい村に移住することを望むようになった。地元に残る数少ない農場労働者よりも裕福な彼らが移り住んできたことによって、村の人口構成が変化し、だんだんと中流階級の社会に近づいていった。テレビ、新しい住民の流入、現代社会のテクノロジーとともに、文化的な変化も起きた。多くの人々の生活はいまでは、農耕牧畜が行なわれる地元の土地ではなく、店、映画館、運動施設など町の文化的な軌道に沿ってまわっているように見えた。村の集会所で行なわれる果物、ジャム、トフィー、パンのオークションと収穫祭は、私が子どものころには重要な意味をもつ催しだったが、いまでは泡のように消え、無意味なものになった。

＊

近代化した大規模農場を営む知り合いのファーマーたちは、まさにアール・バッツのように話をした。その多くは農業大学で教育を受けた、効率性という教義の狂信者だった。彼らは〝ビジネスマン〟であり、ほかの誰もが後れを取り、あきらめ、農業をやめる状況のなかで、必死の生存競争に参加していた。すべてが大きく、速くなければいけなかった。彼らは無慈悲な資本主義者だった。父さんはそのような人々をなかなか理解できず、高級なランドローバーを乗りまわす「見掛け倒しのシャツとネクタイ組」のファーマーだと揶揄した。彼らは自分の手を汚すことなく、あたかも企業で働いているかのように話し、牛一頭当たりの平均的な乳量、穀物の水分含有量、生産コストについてのデータを並べ立てた。新しい大規模な農場ではしばしば何十人もの従業員が雇われていたが、離職率が高かった。作業はいまや単純化され、退屈で、汚かった。かつてのような熟練した「ストックマンシップ」や「職人技」は不要となり、行なわれるのは繰り返しの多い工場労働のような作業ばかりだった。名も知れぬ多くの移民労働者たちがやってきては去っていった。むかしの農場労働者たちの多くは、仕事場では自分と上司が対等な立場にあると考えていた（少なくとも、農場の規模が小さいこの地域ではそうだった）。しかし現在の労働者は、農場主が住むファームハウスに近づくことさえなくなった。父さんは、そのようなファーマーは自分たちの価値観を忘れて思い上がっていると考えた。なにより理解しがたいのは、農耕牧畜に喜びを与えてくれる作業をなにひとつ自分ではやっていない点だった。動物と実際に触れあう作業、熟練した技術が必要になる野外作業……。向こうのほうがはるかに裕福だったにもかかわらず、父は彼らのことを憐れんでいた。父にとって、オフィスの室内にこもって働く会社の上司になるほど最悪なことはなかった。

＊

おやじがチェーンソーで丸太を伐《き》っている。ふたつの音色が組み合わさった物悲しい音が、遠くの林にぶつかってこだましてくる。私はうしろに立ち、地面に落とされた丸太を拾い上げる。年輪が刻まれた断面は、樹液に濡れてオレンジ色に輝く。私がトレーラーに投げ入れた丸太は、家に運んで乾燥させ、暖炉の薪として使うことになる。薪として使えない小さな枝は一カ所に積み上げられ、あとで燃やされる。私と父はいま、古いイバラの生け垣のひとつを撤去しようとしている。かつてなら修繕・維持していたのだろうが、私たちはもうあきらめてしまった。

いまでは、手作業によるむかしながらの方法で生け垣を造ることはほとんどなくなった。アザミ刈りと同じように、必要となる時間も人手もなかった。最後の農場労働者となったジョンが高齢になって農場を去ると、それまで彼のおかげでなんとか続けられてきた熟練を要する作業がほったらかしにされるようになった。はじめのうちは生け垣の草がぼうぼう生い茂り、空高く勢いよく伸びていくだけだった。しかし何年かたつと、垣の下のほうが徐々にスカスカになり、もつれていた茎が解け、植物の種類も減っていった。最後に残ったのは、みすぼらしいイバラの老木の列だけだった。広がるように伸びたそのイバラの枝が、高価なトラクターの車体を引っかいた。さらに、生け垣の陰に隠れたたくさんの牧草が刈り取られずに無駄になった。それから、嵐が通り過ぎるたびに老木が少しずつ吹き飛ばされ、境界線として役に立たなくなると、私たちはチェーンソーや掘削機で生け垣を撤去した。そうすることによって、より広く効率的な土地が手に入った。生け垣や石垣は邪魔なものになってしまった。撤去されずに残った生け垣についても、トラクターの側面に取りつけた機械を使って上部をぶった切った。その姿はまるで、伸縮式アームのさきにくっつけた芝刈り機だった。密度が濃く、成長し、しっかりと編まれた中心部を保つほんものの生け垣はすぐになくなった。残った生け垣は、遠くから見るかぎり、上部がきれいに刈り込まれて平らになり、それほど見かけは悪いものではなかった。しかしそれは、子どものころにあった密集した生け垣ではなかった。月日がたって生け垣が消えるにつれ、まわりの景色はより閑散としていった。

最後の丸太をトレーラーに投げ入れると、荒れ放題の古い生け垣がさきほどまであった場所に眼を向け、むかし村の子どもたち五、六人とそこでかくれんぼをして遊んだことに思いを馳せた。一〇代のころ、年上の少年のひとりが空気銃でウサギを撃ったのを見たことがあった。ウサギは、頭から銃弾《ペレット》を振り落とそうとするようにひっくり返って倒れた。いま、生け垣とその過去は消されようとしていた。

第二次世界大戦から現在までのあいだに、イギリス国内の半数以上の生け垣が消えた。毎年、何千キロもの長さの生け垣が失われた。なかには何世紀もまえに造られた生け垣もあり、そこは驚くべき珍しい生物の宝庫だった。当時の私たちは、生け垣を撤去することの意味など何も考えてもいなかった。しかし時《とき》がたつにつれ、その意味はより明らかかつ重要になった。

*

新しい農業にたいする疑念のささやき声はやがて私のなかで、耳をつんざく叫び声に変わった。年月が過ぎるごとに、帳簿の支出の側だけが果てしなく広がっていくように思われた。もしかすると、自分たちが勝者でなかったのは幸運なことだったのかもしれない。私はその状況を把握し、適応し、生き残ることができた。ところがしばらくすると、勝者を見つけることさえむずかしくなった。子どものころに敷地内で遊んだことのあるあの巨大な養豚場は破産を宣告し、売り払われた。労働者、さまざまな家畜と作物、農地ならではの多くの野生生物に富んだ古いパッチワークの風景の代わりに、活気がなく、剝きだしで、単純で、特性が奪われ、人気《ひとけ》のない風景が出現した。

＊

〝進歩〟を実際に眼にすればするほど、それが嫌いになった。まわりには、比較対照するための材料がつねにあった。なぜならフェルにある祖父の農場では、完全な形での進歩は起きていなかったからだ。私たちは、その時代遅れの小さな農場にしがみついた。その場所が、父と私に新しい農業との対比を与えてくれた。意外なことに、ふたつの異なる種類の農業によるこの奇妙な組み合わせが私の家族を変えた。私たちは毎日のようにイギリスの農場の「前」と「後」のバージョンを目の当たりにし、それをとおして判断や比較をすることができたが、ほかの多くのファーマーにはできないことだった。しかし、なにより明らかな比較は、わが家のふたつの農場のあいだの道路脇に見える風景のなかにあった。そこは、おやじがヘンリーと呼ぶ老人がかつて住んでいた場所だった。

＊

ヘンリーは典型的な高齢のファーマーに見えた。体格が良く、赤ら顔で、ぽっちゃりとした体型だった。ツイードのズボンを穿き、しわくちゃのジャケットのポケットから梱用の紐と干し草の房が飛びだしていた。しっかりとした足取りで歩き、しっかりとした口調で話した。それほど長い時間をいっしょに過ごしたわけではないものの、ヘンリーが善良な人間だと私たちは知っていた。彼の借り農場は、わが家と同じ管理業者《エステート》の私有地のなかにあった。大きな石造りの納屋と美しい家屋がある立派な古い農場で、私たちの区画よりも雄大な場所だった。かつては、大きな成功を収めた農場だったにちがいない。しかしいまは、現代的な農場にはつきものの巨大な鉄骨の建物もなく、ずいぶんと時代遅れに見えた。

私たち家族がヘンリーの名前を口にするのは、近代化を行なわず、進歩的なまわりの農場から置き去りにされたファーマーについてちょっとした冗談を言うときだった。彼が運営するのは、大麦とカブが輪作される旧式の混合農場だった。冬になると、当時みんなが使いはじめていた人工肥料やスラリー（液状の家畜糞尿、それを腐熟させた厩肥）ではなく、牛舎で集めた糞を積み上げて腐敗させた藁ベースの肥料が畑に広げられた。黒い顔の大きなサフォーク種の羊の群れが、刈り株とカブの畑で放牧されていた。背中が大きく、体格のいいヘレフォード種の雄牛が牧草地で草を食《は》んでいた。ヘンリーは腕のいいファーマーだったが、最盛期からとうに一、二世代が過ぎていた。私たちの眼に映る彼は、自身の父親による農法を守ることに囚われているように見えた。彼は変化に無関心だったが、それでもどうにか生き延びた。妻や家族がおらず、それほどのお金も必要なく〝静かに〟暮らせたため、なんとか生活はできたにちがいない。

似たようなファーマーがみな消えるなか、最後まで生き残ったゾウガメのごとく、ヘンリーは過去から身動きが取れなくなっているように見えた。私が若いころ、幹線道路沿いの彼の農場の横を通り過ぎるときに父がよく、そのむかしながらの農法について話しだした。まわりのすべての農場のようにサイレージを利用するのではなく、ヘンリーは夏遅くに牧草地で干し草を作った。彼が草を刈るのは、道路のすぐさきにある集約農場よりも二カ月以上もあと、私たちの農場よりも一カ月あとのことだった。「ヘンリーのじいさん、やっと牧草を刈りはじめたぞ……」

父さんはヘンリーのことが好きだった。愛情いっぱいに彼の〝時代遅れ〟をからかったものの、長年のあいだにその声の調子は軽蔑から称賛へと変わっていった。はじめ、私は父の話に耳を傾けずに無視し、ヘンリーの畑から空へと昇っていくタゲリをただ見つめていた。その櫂《かい》のような羽は、冬の陽射しのなかで白、黒、エメラルドに輝いた。何年もあとになるまで理由は理解できなかったものの、冬のあいだにヘンリーの農場の上の空には、ダイシャクシギ、タゲリ、ミヤマガラス、たくさんのノハラツグミが渦巻くように集まっていた。その光景はいまでも私の脳裏にはっきりと焼きついている。

ヘンリーが死んだとき、数少ない古いタイプのファーマーのひとりがいなくなったことに隣人たちは悲しんでいるように見えた。彼は最先端の農法には背を向けたものの、誰からも好かれていた。敷地を所有していたエステートは、ヘンリーの農場をいくつかの区画に分け、隣接する近代的な大規模農場に分け与えた。すぐ隣で農場を営む父の友人のひとりも、ヘンリーの土地の一部を受け継いだ。彼は土壌分析者を呼び、土地の生産性を高めるために土壌にくわえるべきものを調べてもらった（より効率的な生産のためには人工肥料か石灰が必要だと考えられた）。集約的に耕作される土地では、定期的に土壌試験を行ない、撒くべき人工栄養素を検討するのは当然のことだった。

しかし分析者はヘンリーの農場の土壌について、これまで試験を行なったなかでもとくに良質なものだと報告した。ヘンリーの土は健康だった。何もくわえる必要はなかった。ミミズがたくさん棲み、豊かで肥沃だった。私の父は、この知らせを天の啓示だと考えた。彼の心は大きく揺れ動いた。それは、新しい農法が土地に与える影響について大切なことを教えてくれるものだった。この地域でもっとも伝統的なファーマーの土壌が、もっとも健康だった――。男たちはパブに集まってそのことを話し合った。いまの農耕牧畜は正常ではない方向に進んでいる、と父さんは言った。おれたちのような「マヌケなファッカー」がどんなに知恵を絞ったところで、ヘンリーのじいさんの知識にはかなわない、と。

その後の何週ものあいだヘンリーの農場を通り過ぎるたび、自分たちはなんて大バカ野郎だったんだろうと父さんは言った。このニュースは、父さんがいつも直感的に思っていたことを裏づけるものだった。心の奥底で彼は変化の多くが正しいとは信じておらず、年を追うごとにますます懐疑的になっていった。私たちが新しい農法を取り入れたのは、必要に迫られたからだった。より多くの牛や羊を飼育し、より大きな機械を手に入れ、変化を受け容れ、そのあいだに善良な人々を失った。でも、そのさきに待ち構えているものとは？　近代的な農耕牧畜が土壌を悪化させ、市販の化学物質の注射をさらに必要とする麻薬常習者に変えてしまったとしたら、それはどれほど持続可能なことなのか？　父さんは新しい農業から完全に抜けだすことこそできなかったものの、その本質をしっかりと見抜いていた。友人や親戚たちは巨大な建物を建て、大量の機械を買い、多くの従業員を雇い、大規模な新しい農業ビジネスを築き上げた。父は彼らを称賛するのではなく、心配した。その世界は醜く、借金の上に成り立ち、ますます危険で不安定になりつつあり、いつか轟音とともにすべてが崩れるにちがいないと父は考えた。実際に崩壊がはじまり、地域でも最大規模の農場のいくつかが破産したとき、父は彼らを庇い、自分を含めたみんながバカだったと言った。ファーマーが自分の農場を失うのを目の当たりにするのは、あまりに苦しいことだった。

父は、ヘンリーの土のなかに真実がひそんでいることを知っていた。

*

高齢のファーマーたちは、良質な肥やし《マック》があるところには金があると言った。土にも餌を与え、それも適切なものを与えなければいけないと彼らは知っていた。さもなければ土が台無しになり、あらゆる計画は頓挫してしまった。

私の祖父の糞の山《ミドウン》の肥料には、干し草などの作物が消化されたあとの食物繊維がふんだんに含まれていた。冬のあいだに腐敗した糞は、堆肥《コンポスト》の一種のように肥料散布機で畑にばらまかれた。しかし、サイレージと市販の高タンパク質飼料を牛に与えはじめると、農場で生みだされる肥やしの種類が激変した。わが家の牛はそのうち、尻から液状のスラリーを勢いよく噴きだすようになった。糞の山の肥料よりもはるかに窒素含量が多いスラリーは、有毒ガスを排出する。積み上げて保存することはできず、かといって保管用の高価な新型貯留槽《ラグーン》も農場にはなかった。すぐに畑に撒かないと敷地から川へと流れでてしまい、それによって水が汚染されれば逮捕されるかもしれないと父さんはいつも心配していた。かくして私は九年にわたって冬が来るたび、糞を畑にばらまきつづけたのだった。

新しい農業は、双方に利益をもたらすふたつのもの——「動物を放牧すること」と「土壌を肥沃にすること」——を分離し、異なる場所でふたつの産業規模の大問題を生みだした。何千頭もの動物がいる農場には、土地に還元されるよりも多くの肥やしがあった。一方で、農作物を育てる農家には動物がいなくなり、よって作物の成長をうながす肥やしがなく、ハーバー・ボッシュ法の肥料に完全に依存するようになった。新しいシステムで飼育される家畜の糞は強い酸性だったため、それが撒かれた土壌は固まって死んでいった。農作物を栽培する農家では硝酸アンモニウムが追肥され、その土も死んでいった。この常軌を逸した分裂の両側にあるすべての場所で、かつてあらゆることを機能させていた土壌内の眼に見えない生物（小さじ一杯の健全な土のなかに数十億いた生物）が殺されていった。

＊

ヘンリーの農場を数キロ過ぎたあたりで父は、道路脇で耕されている畑を指差した。巨大な赤いトラクターが、どでかい青いプラウを引っぱっていた。父が何かに不安を感じているのが伝わってきた。「見ろ」と彼は言った。「プラウを追いかけるカモメもカラスもいない」。父にとってそれは衝撃だった。「あの畑にはきっとミミズがいないんだろう。スラリーでみんな殺されたんだ」

＊

当時、私の部屋の窓から農場を見渡すことができた。窓枠の九〇センチほど下の壁から、いくつか突き抜け石が飛びでていた。家のなかにいるのがあまり好きではなかった私は、石に足が届くくらいに成長すると、たびたび家を抜けだすようになった。その癖は大人になるまでずっと続いた。日がな一日いっしょに働いたあと、父親から何か指示されるのも、一挙手一投足を知られるのもうんざりだったので、夜のあいだあたりを歩きまわった。脚を伸ばして突き抜け石にのせ、スパイダーマンのように壁を這って横に移動し、台所の奥の流し場の上に行き、傾斜する屋根を伝って地面に下りた。それから歩きだし、誰の眼にも触れない場所に行った。五分後には丘の頂上にいた。放牧された羊の群れをよく見にいき、成長中の子羊を呼び寄せては、どれが将来の農場のスターになるか見きわめようとした。羊の群れがどこかに消えると、私は石や木の幹に寝そべったり、オークの老木に登ったりした。わが家の農場にまだ残っていた野生生物が大好きだった。羊の群れのなかで草を食む野ウサギ。何年もまえに祖父といっしょに作業をした畑の脇の腐ったゲートの支柱の上に、三つの卵を産んだミヤコドリ。牧草地でミミズやガガンボの幼虫を探しまわるミヤマガラス。生け垣のそばの荒れた草むらの上を旋回するチョウゲンボウ。おそらく私がなにより好きだったのは、牧草地や草原の上を幽霊のように静かに飛びまわり、風に乗せて鳴き声を響かせるダイシャクシギだ。私は生まれてからずっと、ダイシャクシギの翼と囀《さえず》りの下で過ごしてきた。

＊

ある夜、ポケットに押し込んだ古いペーパーバックを取りだし、オークの老木に背中をあずけて読みはじめた。地元の町には小さな書店が一軒だけあり、読みたい本を探しによく訪れた。店主は、一時代まえのヒッピー風の男だった。彼は自然に関する本を何冊か厳選し、入口のいちばん目立つ台に並べた。カワウソやハヤブサについての本に交じって、より過激な政治的な本も置いてあった。田園地帯の生態系の衰退に関する本だ。子どものころから私は、その種のものを避けるように育てられた。むかしテレビ番組でよく宣伝されていた生態系破壊についてのメッセージをたびたび眼にしたせいで、環境保護主義者は異常者であるという考えが家族のなかに根づいていた。父さんは、自分よりも明らかに快適な生活を送る人々から説教されるのをひどく嫌った。ある日、環境破壊についてのニュース報道が流れたあと、父さんはテレビを消してこう宣した。

「まったく、あのろくでなしの専門家の言うとおりにしたら、おれたちはクソみたいな蝶を育てる農場を経営することになるだろうよ」

木の下で寝そべる私の手のなかにあったのは、レイチェル・カーソンの『沈黙の春』だった。読むまえは、農業をかまびすしく批判する本なのではないかと不安だった。しかし、代わりにページ上では、私が以前からずっと疑っていたことがじつに論理的に立証されていた——新しい農業技術と習慣は、進歩のための無害な道具などではない。それは化学薬品と機械兵器の武器庫であり、生物学的な法則をくつがえすことによって自然の農耕牧畜環境を大きく変えてしまった。読みはじめて三〇分後、ページから眼のまえの牧草地へと視線を移した。彼女の意見が正しいと私にはわかっていた。

レイチェル・カーソンは、殺虫剤（とくにＤＤＴ）の危険性について世界に警鐘を鳴らした女性として知られている。一九六二年に発表された著書『沈黙の春』は、注目すべきことを訴える本だった——工業的な技術を使った農業の進歩という夢には欠陥がある。殺虫剤は生態系全体に害を及ぼすものであり、化学肥料や薬品が普及すればするほど農業はより早く廃れていくと彼女は主張した。雑草、虫、バクテリアがすぐに農薬に耐性をもつようになるというのは、生物学的にあまりに明らかな事実だった（アメリカの海洋科学者で自然保護活動家であるカーソンは、すべての殺虫剤の使用に反対した人物だとしばしば誤解される。しかし実際のところ著書のなかで彼女は、可能なかぎり生物学的な解決法に頼りつつも、必要な場合にのみ的を絞ってきわめて限定的に殺虫剤を使うべきだと主張している）。農業の問題にたいして企業の化学者が導きだす答えはどんどん過激になり、さらに強力な化学的解決策を利用する流れができあがっていく。すると動植物のＤＮＡと農業化学者のあいだで、絶望的な主導権争いがはじまる。結果、人間がまだほとんど理解できていないとカーソンが主張する繊細な生態系のなかで、よりいっそう破壊的な化学薬品が使われることになる。農業は自然のプロセスにしたがうのではなく、むしろ生物学の絶対的鉄則から抜けだそうとしていた。政治家、経済学者、大企業にそそのかされた農民たちは、地球上の生命が依存するシステムそのものをぶち壊し、手遅れになるまで自分が破壊に加担しているとはほとんど気づかなかった。農民は畑のなかであまりにも強力な存在となり、それが自然にとって何を意味するのか誰も眼を向けようとしなかった。そのような農民、化学薬品会社、さらには政府が正しいことをしてくれると、一般市民は信用などできるだろうか？

＊

あの木の下で読んだあの本は、私にとってすべてを変えるものだった。（わが家の農場を含めて）崩壊していく風景は、シュンペーターが「創造的破壊」と呼んだものではなく、むかしながらの単純な破壊だった。

長い昏睡状態から目覚めたような感覚だった。それまで私はなぜか、農場についての自分たちの考えから自然という要素をみずから進んで除外しようとしていた。祖父の農業に軽蔑の眼を向けつつあった私は、近代化を拒もうとする父の態度を哀れに思いはじめていた。けれどそのとき、自分がひどい愚か者だと感じた。祖父が抵抗しようとしたのも、父があらゆることを本能的に疑おうとしたのも、すべて正しいことだった。私は頭のなかで世界を編集し、すべて問題のないことだと思い込もうとしてきた。しかしいま、やっかいな記憶がまわりを押しのけて脳のまえのほうへと進んできた。

＊

畑のアザミにはじめて殺虫剤を撒いた翌朝、私は小道を下り、数日まえに見つけたコマドリの巣の様子をたしかめにいった。薬剤散布によってアザミが萎れて丸くなった畑の近くにその巣はあった。が、雛鳥たちは巣のなかで死んでいた。ピンク色の皮膚、骨、羽の折れた汚らしい胴体が冷たい塊になっていた。自分のせいだと私は知っていた。頭のなかの小さな声が、これはまちがっていると言った。そのときの私は、こう自分に言い聞かせていたと記憶している。三、四羽の雛鳥の死は、大きな問題を解決するための一回限りの代償にすぎない。ほかの方法でアザミを刈ったとしても、どうせ死んでいたかもしれない。ほんとうにそう自分が信じていたのかどうかはわからない。死んだ雛鳥たちのことを思いだすと、私は恥ずかしい思いに駆られた。しかし『沈黙の春』を読んだあと、自分たちが妄想の世界を歩いていたのだと気づいた。それから私は、カーソンや農業専門家の本を読みあさるようになった。

＊

『沈黙の春』は賛否の嵐を巻き起こした。殺虫剤を製造・販売する企業、大規模農業の圧力団体は激しく抵抗したが、カーソンは頑として意見を変えず、やがてＤＤＴは禁止された。問題は、その運動のなかでＤＤＴだけに注目が集まったことだった。むかしから続く制限から農業が逸脱しているという彼女のより重要な洞察は、ほぼ無視されるか、あるいは忘れられてしまった。

技術的な革新の虜になった政府や農業従事者は、ＤＤＴだけが小さな障害なのだと信じたがった。それが、自然にたいする人間の力や人間そのものに関するよりやっかいな問題の前触れだとは考えようとしなかった。そのためカーソンが警告したにもかかわらず、一九七〇年代ごろまでに、農場で安価な食糧を大量生産するという産業効率への残酷な追求は先進世界全体の農業政策に浸透していった。農業や政治の世界では、農地においてさらなる産業効率を求める強欲な姿勢こそが問題であるという認識はほとんどなかった。それどころか、農業を変えるプロセスは〝進歩〟としてますます擁護されるようになった。戦後の社会は農民にたいして、大量の安い食糧を作り、必要なツールをなんでも駆使するのがあなた方の仕事だと伝えてきた。多くの農民はそう言われることを望み、変化を受け容れた。それ以外の農民は、生き残るための闘いのなかでうしろ側へと押し流されていった。この新しい文化は、食べ物は燃料にすぎず、収入にたいする食費の割合を下げるに越したことはないと〝消費者〟に喧伝した。自然についてはほとんど考慮されず、そのような変化になんとか対処できる頑丈なものだとみなされた。

まるで、カーソンなどそもそも存在していなかったかのような展開だった。彼女の呼びかけのおかげで、世界じゅうで環境保護運動が大きく前進した。しかし、一九六四年のカーソンの死から何十年ものあいだ、彼女の警告を無視して農業の集約化と工業化が続いた。

*

牧草地を照らす光が消えようとしていた。夜から土砂降りの雨になる天気予報だったので、私たちはその年最後の干し草の梱を納屋に運び込んだ。カラスを撃退しているのか、畑の急斜面の上を飛ぶダイシャクシギが興奮していた。私は農場全体を見渡し、父と自分がどれほどの害をすでに及ぼしたのか、土壌がどれくらい悪化してしまったのか思案した。農場の一部から、かつていた数種の鳥がすでに消えてしまったことに私は気づいていた。二〇世紀はじめに電動芝刈り機とトラクターが使われるようになると、すぐにウズラクイナが姿を消した。しかし数多くのダイシャクシギは、トラクターと機械へと移行したあとも何十年ものあいだ農耕地に棲みつづけた。シギたちは、この地域の耕作方法を愛しているようだった。毎年春になると、冬のあいだ暮らす干潟を離れ、古代から続くこのあたりの繁殖地へと戻ってきた。ダイシャクシギは、遊園地の巨大な乗り物のように輪になって農場の上の空をぐるぐるまわり、番《つが》いの鳥を求めて鳴き声をあげた。あるいは、私が坐る場所からそれほど離れていない草むらのなかを歩いた。脚は竹馬のように細長く、湾曲したくちばしは優雅だった。牧草地や耕された畑の土の上でミミズを探しまわった。やがて番いになって巣を作ると、それから数週にわたって空いっぱいに鳴き声を響かせた。

かつて祖父が教えてくれた方法にしたがい、巣の場所を見つけるのが私は大好きだった。サイレージのために草を刈るときには、ダイシャクシギの雛鳥が巣からちゃんと逃げたかどうかをたしかめるようにした。雛鳥がまだ残っている場合、草の一列を刈らずにそのままにして一、二時間後に戻ってくることもあった。サイレージ用の畑にはきまって三、四組の番いが棲みつき、夏になると数羽の雛をそこで育てた。数多くの鳥たちを実際に眼にしていた私は、この地域の農地に巣くう鳥が消えはじめているという報告をなかなか理解できなかった。と同時に、わずかに数が減ったのではないかと感じることもたまにあった。

二〇年まえには何羽のダイシャクシギがいたのか？　私がそう訊いても、誰も答えを知らないようだった。それに、誰も心配などしていなかった。まわりにはたくさんのダイシャクシギがいた。しかし、丘陵地帯の麓にある友人の農場に手伝いにいくと、たしかに変化が感じられた。そこは、より恵まれた立地にあり、より〝改良〟され、より集約的に耕される土地だった。食事のために大型トラクターから降りたとき、カラスやカモメがまれに通過する以外、頭上が空《から》っぽだと私は気づいた。

＊

農耕牧畜が自然に与える影響について理解するのがとりわけむずかしい理由のひとつに、原因と結果のあいだにきまって時間差が生まれるという点がある。突然の悲惨な出来事によって引き起こされた、眼のまえの破壊について理解するのは簡単なことだ。何キロにもわたって油膜に汚染された海、廃棄された化学物質によって死んだ川の生物、象牙の密輸のためにアフリカの赤い砂埃のなかで虐殺されたゾウ、森のなかのチェーンソーのサウンドトラックにあわせて倒れる巨木……。ひと欠片《かけら》の良心や知性をもつ人なら誰であれ、人間の行ないの結果として起きるそのような突然の破壊がまちがったことだと知っている。しかし実際には、世界は一日で瓦解するわけではない。一〇年、三〇年、あるいは一〇〇年かけて破壊されていく緩やかな変化を見きわめて認識するのは、はるかにむずかしいことだ。この地域の農場の風景を著しく変えたツールと習慣は、何十年もまえに登場した。一部の種が無残なほど減少していることを科学が解明しはじめるまでには、大きな時間差があった。なぜなら、農民が新しい技術を導入し、土地で利用できるように規模を調整し、その影響がはっきり表われるまでには時間がかかったからだ。自然は何年も、ときに何十年も特定の場所にしがみつき、それから打ちのめされて消えていく。

*

父が死ぬまえの一年か二年のあいだ私たちは、何が変わり、なぜ変わったのかについてよく話をした。かつて農地でいちばん頻繁に眼にした鳥であるダイシャクシギが、ほとんどいなくなったことを父は悲しんだ。父も私も、シギが消えた理由が近代化された農業でもサイレージの利用でもないとわかっていた。むしろ、それらの活動がとりわけ強烈なレベルに達したことが理由だった。一九九〇年代以降、超大型・超高速の草刈り機が登場してまわりの農場で使われるようになり、サイレージを作る時期がどんどん早まっていった。そんな早い時期に草を刈ることができるようになったのは、人工肥料による効率的な草地管理や成長の速い牧草種子のおかげだった。また、乳牛に最大限の栄養を与えるためにより若い草を餌として与える傾向も、早期の草刈りの流れを後押しした。このような習慣の組み合わせによって、ダイシャクシギが痛ましいほど減ってしまった。早ければ五月から一〇月にかけて三度か四度も草が刈られる畑では、夏のあいだに卵を産んで雛鳥を育てることはできなかった。ダイシャクシギがかつて生活していた畑は、雛鳥にとって危険なキルゾーンになった。巨大な新型トラクターの運転手には、たとえダイシャクシギの雛を見つけて認識したとしても、わざわざ車を停め、雛を草むらから持ち上げて移動させる時間などなかった（運転手はたいてい若く、請負業者のために働き、窓を閉めてラジオをかけ、高価な機械の内部をなるべく汚さないようにした）。成鳥のダイシャクシギは、土地の管理方法が変わったあともしばらくのあいだ同じ畑にとどまる傾向があった。二〇年から三〇年の寿命をもつシギには、古くからの営巣地に忠実にしがみつき、何度も何度も繰り返し卵を産んで雛鳥を育てようとする習性があったのだ。

しかし親鳥がつぎつぎと死に、あたりに一羽も見当たらなくなると、ダイシャクシギが困難に直面していることにファーマーたちはやっと気がついた。問題があると理解した時点では、もう手遅れだった。しかし、ダイシャクシギを守るのはファーマーの仕事だったのだろうか？　それとも最高品質のサイレージを作り、スーパーマーケットが求める価格で牛乳を出荷することが優先されるべきだったのか？　一羽のダイシャクシギの価値とは、いったいいくらだったのだろう？

問題はかならずしも、機械や化学薬品にもとづく農業用ツールが存在するということではなかった。野生生物が生息・繁殖できなくなる状況を土地にもたらすような利用方法のほうが問題だった。強さのダイヤルを少しまわしすぎたせいで、多くの場合、ファーマーがその影響を見きわめることはできなくなった。草刈り機のスピードがどれくらい速くなると問題になるのか？　コンバイン収穫機があまりに効率的になったせいで、越冬中の鳥が必要とする穀物がほとんど畑に残らなくなったのはいつからだったのか？

農民の多くは、生態系について効果的かつ論理的な判断ができるほどの知識を持ち合わせていなかった。あるいは、近代化を拒んでまわりの農家よりも非効率的になるという道を選んだとき、経済的にどのように生き残れるのかも理解できなかった。機械を購入するとき、そのファーマーはたんに自分の道具を更新・改良しているにすぎず、野生生物を念頭に置いて機械を買うわけではない。それらの機械もまた、野生生物を念頭に考案、設計、販売されたものではなかった。トラクターの設計者、技術者、販売員は、自分たちが作りだしたものがこれほど大きな予期せぬ影響をもたらす可能性があることなど考えもしなかった。高度な機械効率が必要とされる食糧生産を求めたスーパーマーケットも、何も知らなかった。システム全体があまりに細分化・専門化されたため、内側で働くほとんどの人々は意図せぬ影響にたいして無知だった。もしくはもっとひどいことに、ある種の魔法のような楽観主義に陥り、自然はどうにか耐えるだろうと考えていた。それぞれの新しい技術がもたらしうる影響について、きわめて深刻な問題がいくつもあった。しかし、その問題に向き合って答えるのは誰の仕事でもなかった。農民や生態学者にとって、ある技術や新しい農法がどちらかといえば〝良い〟ものなのか〝悪い〟ものなのかを判断するメカニズムは存在しなかった。見えない境界線を越えて向こう側に行ってしまったのはいつなのか、誰もしっかりと把握はしていなかった。

　大人になってからずっと私は、幾百もの小さな変化が積み重なって大きな転換へとつながる様子を目の当たりにしてきた。より効率化した新型コンバイン収穫機、幅がわずかに広がり高速化した草刈り機、溝の数が増えた深掘りプラウのために、ゲートが広げられた。作物を保護するべく、わずかに強い殺虫剤が散布された。化学薬品などで処理された新しい穀物や草の種が蒔かれた。春蒔き穀物から冬蒔き品種へと切り替えられたことによって、かつて冬のあいだに鳥が収穫の取り残しを集めていた刈り株畑が消えた。糞の山《ミドウン》の肥やしの代わりに、スラリーが撒かれた。窒素を多く含んだ人工肥料の追肥によって草の成長が速まり、より早い時期に刈り取ることができるようになった。これらの変化は、何世紀にもわたって利用されてきたものと似たような、それほど害のない農法の上に築き上げられていった。私の世代における農法が過去のものと異なるのは、規模、タイミング、画一性、効率、速さにおいて段階的な革命が起きたという点だった。

三〇年あまりのあいだに、詩人のウェルギリウスが農業という〝戦争〟のために必要だと説いた農機具は、戦場でいえば槍や剣に相当するものから、戦車、ジェット戦闘機、化学兵器や核兵器システムに匹敵するものへと進化した。かくしてカーソンの気づきからはじまった文化的な戦争は、ますます二極化して有害なものになった。一方には、農業はこの世界で欠くことのできない仕事をしていると主張する集団がいた。ますます効率的になり、優れた最新技術を節度をもって利用する新しい農業には、なんの問題もないと彼らは言った。他方には、農業が地球を破壊していると信じる人々がいた。一方は農業は〝善〟であるという初心《うぶ》な信仰を推し進め、他方は農業は〝悪〟であるという活動家の怒りを広めようとした。ひとつの集団は、安い食糧だけが問題であるかのように行動した。べつの集団は、食糧が問題の本質とはまったく関係ないかのように行動した。誰もが、どちらか一方の立場を選ばなければいけなかった。議論はますます辛辣になり、過度に単純化していった。しかし、それはいつまでも噛み合わない会話であり、私たちの住む村にも存在する会話だった。私がこの文化戦争にはじめて出くわしたのは何年もまえのことで、オーストラリアから帰国して間もないころだった。

＊

父親が世界に火をつけていた。渦巻くハリエニシダの茂みで覆われた砂地の土手のてっぺんに沿った稜線を背景に、揺らめく炎の舌と空に続く煙の柱が浮かび上がり、私と父のあいだで上へと伸びていった。炎は、乾燥して燃えやすい棘を舐めてシュッと音を立てた。私の手首ほどの太さがある頑丈な枝や幹が燃えはじめ、パチパチと音が鳴った。煙の両側の土手全体に、カナリアのような鮮やかな黄色の花が繁茂していた。父さんはハリエニシダの斜面を登りながら火をつけた。手には、油に浸した布切れと枝で作った即席の松明《たいまつ》が握られていた。父のまわりで炎が蠢《うごめ》いた。何匹かのウサギが、脱脂綿の尻尾を上下に揺らしながら逃げていった。一羽のクロウタドリが、下生えからガサガサと出てきて飛び去った。ムネアカヒワとキアオジの小さな群れが、斜面の下のほうにひらひら飛んでいった。

ハリエニシダはゆっくりと這うように〈クオリー・フィールド〉の端のほうへと成長し、土地のおよそ三分の一を占めるほど広がっていた。祖母はかつてこの区画で雌鶏を飼い、のちに父は豚を飼って砂土を改善しようとした。しかしいまは、たんなるウサギの生息地として存在するだけだった。農場のなかでもとくに土壌の悪い畑のひとつで、なんとか活用しようとした祖母や父の断続的な試みをのぞいて、何年ものあいだ無視されてきた。その夜、父さんは何か対策をとらなければいけないと思い立った。そしてマッチ箱、藁と梱用の紐を詰めたビニール袋、ガソリンの入った小さな携行缶を持ち、中庭を出ていった。数分後に母は、父が「焼身自殺」するつもりではないことをたしかめにいってほしいと私に告げた。

しばらくすると、パチパチと騒がしい音だった大火は弱まり、野生の力は失われていった。銀色の石灰石の曲がりくねった石垣のあいだを抜けて村のほうに歩いて戻る途中、私は隣人のひとりに出くわした。地元にある学校の校長の妻であるその女性は、自宅のまわりでいくつか小自作農地を所有していた。見るからに動揺し、興奮して感情的になっているようだった。いったい何が起きているんですか、と彼女は訊いてきた。私が答えるまえに、消防隊を呼んだと彼女は言葉を継いだ。その必要はないと私は言った。火は計画的につけたものなんです。父さんが火をつけたんです。父の土地で父がつけた火なんです。女性は戸惑い、少し怒っているように見えた。私たちは友人同士でもあったため、彼女の困惑はさらに増した。その女性は、自宅近くの丘の斜面で何が起きたのか理解しようとしていた。彼女はその風景――父さんが燃やして灰にするまえの風景――を愛していた。この地域に住みはじめてまだ五年の女性は、これが伝統的なサイクルの一部であることをまったく知らなかった。現在の風景が、むかしからいつも同じまま続いてきたものであり、これからもずっと同じまま続くべきだと考えていた。女性が、ふだんから抱いている私たち家族への敬意と眼のまえの怒りのあいだでバランスを取ろうとしているのが伝わってきた。彼女は私に説明を望んだ。

あなたのお父さんはどうして丘の斜面を燃やしているの？

鳥の生息地を破壊しているのはなぜ？

ハリエニシダの茂みに棲む野生の動物はどうなるの？

彼女はこう言いたげだった。あなたのお父さんはいつもは立派な人なのに、どうしてこんなことをしているの？　いったいどうしたっていうの？

私は、すべての答えを持ち合わせていなかった。相手がほんとうに答えを聞くことを望んでいるのかもわからなかった。私は恥を感じていた。自分たちの世界にたいするふたつの異なる見方が衝突していた。父さんはめったに、自分の行動の理由を言葉で説明しようとはしなかった。うしろの丘の斜面にいる父は、乱暴な野蛮人のごとく振る舞っているようにも見えた。風にあおられた火が新たなハリエニシダの茂みに飛び移り、轟音とともに空高く舞い上がっていった。

はたして父さんは、鳥の巣のことを気に留めていたのだろうか？　私にはわからなかった。

まるで、黙示録のための広報担当者になった気分だった。しかし同時に、女性への対抗心のようなものにくわえ、父への忠誠心を感じていた。父親を擁護し、女性がまちがった行為だと感じていることをあえて行なう理由について説明したかった。そこで私は、ハリエニシダに火を放つのは古くから続くサイクルの一部だと言おうとした——成長を管理し、広がりすぎたときには駆除し、また数年そのままにしてもとに戻す。父さんは、すべてのハリエニシダを燃やしたわけではなかった。いくつかの範囲だけを焼き、残りはそのままにした。鳥たちは、生息地を完全に奪われたわけではなかった。ハリエニシダは農耕牧畜にとってやっかいな存在であり、羊毛を傷つける。何も対策せずにほったらかしにすれば、敷地全体にハリエニシダが広がり、ウサギしか棲めない場所になってしまう。それらしいことをほかにも何か訴えた気がするが、嘘に近いこともいくつか言ったはずだ。そのときの私は、人々のあいだで溝が広がりつつあるのを強く感じていた。一方には、人間の手で景観を形づくることが自然で当然だと考える人々がいた。他方には、それに不快感を覚える人たちがいた。それは、農業従事者とそれ以外の人の差だった。

*

父が死んだあとに私は、ハリエニシダを燃やしたあの夜のことを思いだし、こう気づいた。白然を大切にする多くの人々が、農業や土地管理に関するすべてがいまや信用できないものになったという結論を導きだそうとしていた。しかし、農業を全面的に否定するのは正しいことではない。耕地とは、人間の文明全体を構築するうえで基盤となるものだ。私たちみんなの生き死には、火、斧、長期にわたる動物の放牧、あるいはプラウによって切り拓《ひら》かれてきた荒れ地にかかっている。この開墾がはるかむかしに行なわれたという事実に惑わされた人々は、過酷な生態系の真実を忘れ、畑が自然現象として生みだされたかのように考えてしまう。しかし、畑は自然のものなどではない（ただし、豊かな種が棲む干し草用の牧草地、注意深く放牧が行なわれる大草原《プレーリー》、森林地帯の牧草地など、野生の生息地にきわめて近い畑もある）。作物や動物のどちらを育てるために使われている場合でも、突き詰めれば、もともと存在していた種の一部を殺すことによって畑は誕生する。その空間に棲みつづけるはずだった生き物の多くは、時《とき》とともに棲むことができなくなる。なぜなら彼らは排除され、自分たちの生命を維持するための空間と食べ物を失ってしまうからだ。畑の創造と維持は、あるものにとっては生を意味し、ほかのものにとっては死を意味する。それはむかしから変わらない。

実際のところ人間は残酷な生態系エンジニアであり、自分たちに有利になるように世界を変える。かつて私たちは、作物を育てるために土地を開拓し、心を鬼にしてこの景観エンジニアリングを行ない、なんとか生き残るのに必要な食糧を生産してきた（発展途上国の多くの人々はいまもそうしている）。私が大人になるころまでに、畑で働くイギリス人はほとんどいなくなり（人口の二パーセント以下）、集団として人々はこれらの恐るべき真実を忘れ、あるいは眼を背けはじめた。まさに、校長先生の妻がそうだった。

何を食べるかにかかわらず人間は誰もが、（直接的であれ間接的であれ）食べ物のために殺すという行為に加担しており、今後もそれは続く。それが永続的な真実だ。この闘いは、ウェルギリウスが農業を「戦争」だと指摘するまえからずっと続いてきたものだった。作物や家畜を破壊する無数のものより上位に立つために、農民は闘うことを余儀なくされた。彼らはいつの世もこの闘いを続けてきた。農作物を育てているのか、それとも家畜を飼育しているのかという差は、この現実にほとんど影響を与えなかった。あの夜の父のように農民たちは、作物を栽培する空間を作りだすために野生の生息地を破壊した（そうすることによって、ほかの種のための新しい生息地と新しい生態系を作りだした）。これが真実かどうか知りたければ、未開の荒れ地に住み、何も殺さずにどれくらい生きられるか試してみてほしい（小さな生き物を殺すのもルール違反）。

＊

論理の連鎖は単純だ――私たちは食べるために農業を営み、農業を営むために殺し、あるいは生物を追いださなくてはいけない（結局はどちらも同じこと）。人間として生きるのは荒っぽいことだ。ところが、あらゆる農業が必要とする強靭さと、私のまわりで繰り広げられてきた自然にたいする産業的な〝総力戦〟のあいだには差があった。一定の無慈悲さを避けることはできないものの、元来の農耕社会にはしばしば倫理的または道徳的な規範があった。それらの規範は、土地の過剰搾取を禁じ、自然を人間の導き手として位置づける必要性を強調するものだった。旧約聖書のレビ記一九章には、神がモーセに与えた「ユダヤ人が守るべき戒律」が記され、それらの有名な法則の多くは私たちの社会の法律の基礎となった。その九節と一〇節のなかに、長いあいだ無視され忘れ去られてきたつぎのような教えがある。

あなたがたの地の実のりを刈り入れるときは、畑のすみずみまで刈りつくしてはならない。またあなたの刈入れの落ち穂を拾ってはならない……貧しい者と寄留者とのために、これを

残しておかなければならない……（日本聖書協会『口語訳聖書』（一九五五年））

＊

私の父は熱心に教会に通うタイプではなかったものの、似たようなことを信じていた。物事には限度や制約があるべきであり、節度とバランスが重要だと彼は考えた。そんな父は、この国の農業に起きたことを憎みながら死んでいった。現実にしっかりと向き合ってきた彼は、農業について自分が愛し大切にしてきたものすべてが堕落してしまったと気づいていた。人生の最後の一〇年のあいだの父には、現代農業の狂った理論につき合う余裕はなかった。現代農業が家族、農村の共同体、動物、自然にたいして与えた影響について、父は悲しんだ。そして、自分たちの農場の土地をとおして大規模農場に追いつこうとすることをやめた。すべてがくだらないゲームであり、それを愉しむ気などまったくないかのように振る舞った。自分自身の土地を大切に世話し、ただそこで踏ん張った。世界の最先端をいく新しい農業を実際に見たことはなかったし、たとえ見る機会を与えられても喜びはしなかっただろう。しかし父の死から数カ月後、妻のヘレンと私はアメリカ中西部をはじめて訪れた。二〇年まえに私は、オーストラリアではじまりつつあった新しい農業の一部を眼にしたことがあった（将来何が起きるかはだいたい理解できた）。しかしアメリカに行った私は、その中西部こそが、これまで起きてきたすべてのことの論理的な結論なのだと知った。それは効率化の最終形態だった。農耕牧畜について学ぶ私の見習い期間は、その未来をもっとも純粋な形で見ることによって終わった。

＊

私たちは車で幹線道路を進んでいった。道路脇のみすぼらしい農場の家屋のペンキは剝がれ、木材が腐っていた。崩れ落ちた数棟のタバコ乾燥小屋に、切り裂くような陽光が照りつけていた。放置された車、錆びついた農機具、家屋の隣の牧草地に突っ立つ黒い牛。誰も住んでいないかのように見える町に並ぶ、板で窓がふさがれた店。家々の窓には南部連合の旗が掲げられ、前庭には「トランプに投票しよう」と書かれた看板。どこもシャッターが閉まり、ポーチには落ち葉が積み重なっていた。教会のまえには、麻薬中毒者の救済を約束する看板があった。ひらひらと雪が舞ったが、積りはしなかった。

私たちはアメリカの農業地帯の中心部であるケンタッキー州へと移動し、古い友人の家に泊まった。すでに冬に入り、その冬はいつまでも終わらないかのように感じられた。迎え入れられた下見板張りの家屋には、大量の本が並んでいた。私たちはシンプルなおいしい料理を食べ、家族や農場について話をした。けれど、明るく振る舞おうとすればするほど、誰かほかの人の深い悲しみのなかに入り込んでしまったかのような感覚に包まれた。近く行なわれる選挙の結果について、差し迫った破滅の空気感が漂っていた。そこはかつて、数々の中小規模の農場が栄える土地だった。しかしいまでは、幽霊と残骸が散らばった土地のように感じられた。

友人は白いピックアップ・トラックを走らせ、地域一帯を案内してくれた。荷台には牧羊犬が載せられ、前部座席の足元には赤い道具箱とレンチが置かれていた。知人たちの過去と現在の状況について友人は語り、なんとか農場経営を続けているファーマーを紹介してくれた。会う人はみな口をそろえてこう言った。アメリカは工業化された農業を選び、小さな家族農場は見捨てられた。その結果がこれだった——崩壊しつつある風景と共同体。ファーマーたちが見せてくれたアブラナ畑には、雑草が蔓延《はびこ》っていた。殺虫剤の過剰使用によって耐性がついたのだという。彼らが話したのは、鉱物を採掘するために切り崩された山、汚染された川、土地を離れたファーマー、貧困にあえぎながら細々と農業を続ける農民についての物語だった。事態が悪化するにつれてより多くの人々が、壮大な約束を口にするペテン師、あらゆる怒りをぶつけることのできる偽の生贄に惹きつけられていくようだったという。話を聞いていた私は、うまく機能していない未来に足を踏み入れた感覚に襲われた。出会った人々はみな私の不安を感じ取り、「あんたはまだ何も見ていないよ」と言った。

*

アイオワ州の広大な黒い畑はどこまでも永遠に続く。分厚く豊穣な土壌には、トウモロコシの茎の切り株が点在している。一年の半分は風雨にさらされ、残りの半年のあいだに農作物は猛烈な勢いで成長する。ある若い女性はこの土地が大好きだと私に語り、夏になると「トウモロコシが成長する音が聞こえる」と言った。しかし古い世界の住人である私の眼には、この冬の砂漠にはロマンも歴史もないように見えた。

それは、大きな空の風景だ。その下のすべては暗く、平坦で、荒涼としている。その場所に実用性はほとんどない。農場は、グラント・ウッドの有名な絵画「アメリカン・ゴシック」から出てきた何かのように見える。絵に描かれたあの象徴的な農場主と妻（実際は娘）は、すでに都会に引っ越したか、あるいは家の室内でテレビを見ているにちがいない。なぜなら、まわりの土地には人がほとんどいないからだ。古いものはすべて朽ち、納屋は風にあおられて傾き、屋根の半分が剝がれ落ちていた。黒く平らな地平線を分割するように建つ穀物倉庫や塔が、陽光を受けて銀色に輝いていた。雨のなか、オレンジ色のトウモロコシが積み重なる巨大なピラミッドが、穀物倉庫のアームの下に並んでいる。耕された畑は、いまにも崩れ落ちそうな家屋の囲い柵のすぐ近くまで広がり、さらに地平線から地平線へと続いている。それは、トウモロコシ、大豆、豚小屋の広がりだった。眼のまえにあるのは、アール・バッツが追い求めた農業の風景だった。

そのときの私は、ある農学者といっしょに行動していた。彼女がとりわけ情熱を注ぐのは土壌についての研究で、土を守るために農業をどう変えるべきかをくわしく調べていた。この土地が抱える問題に農学者は心を痛めた。そこは彼女の故郷であり、農民たちは彼女の仲間だったからだ。それらの土地にただ厳しい評価を与えるのはいとも簡単なことだ。ただしそれは、働く農民たちが自分の家族ではなく、彼らの眼の下の隈《くま》や肩にのしかかるストレスを親戚の集まりのなかで目の当たりにすることがない場合の話だ。アメリカのスーパーマーケットによって、つまり安価な食べ物にたいする崇拝によってその土地は形づくられた、と農学者は私に語った。スーパーマーケットの客たちは、この国の食糧生産がどれほど持続不可能なものかを知らなかった。もしくは、たいして気にしていないように見えた。平均的なアメリカ人の収入全体に占める食費の割合は、一九五〇年には約二二パーセントだったが、現在までに六・四パーセントにまで下がった。しかし実際の状況はもっと深刻で、食費一ドルにつき農家に支払われる割合が大幅に減って約一五セントとなり、さらに減りつづけているという。農家が作った農作物にたいして一般市民が支払っていると考えるお金のほとんどは、じつのところ食品加工業者、卸売業者、小売業者の手に渡っている。このゲームの勝者は、あらゆる政党の政治家や議員を牛耳る一部の巨大企業のほうだった。

農学者の女性は、アイオワは消えつつあると私に説明した。一年の半分のあいだ、耕作地に吹く風がいちどに小さな一粒ずつゆっくりと表土をすくい、どこかほかの場所へと運んでいく。一日単位では些細に見えるものの、それはじつに無慈悲なプロセスであり、ここ一〇〇年のあいだに数十センチもの表土が消えた場所もあるという。アメリカに食糧を与える土壌は、とめどない持続不可能な流れのなかで失われつづけているのだ。この土地の現実は、汚れた茶色い雪の吹き溜まりのなかにある。土壌から盗まれた富は消えるまえ、氷のなかにいっとき囚われる。

　もしそれが未来だとしたら、奇妙なほど卑しく醜いものだった。人々が生活するのにぴったりの環境には見えなかった。ずいぶんと景気が良さそうな農場も含め、地域の多くの農場は大きな借金を抱えていた。生態系における大惨事であるその土地は、かぎりなく不毛な場所であり、メキシコ湾に貧酸素水塊《デッドゾーン》水域を作りだす元凶でもあった。浸食された土壌や散布された農薬はすべて、ミシシッピ川を経てメキシコ湾へと流出した。この地域の農作業の多くを担うメキシコ人移民は、アメリカ企業によって自国の自分たちの農場から追いだされ、仕事を奪われた人々だった。低賃金の移民労働者にもできない作業は、機械を使って行なわれた。いまや自動操縦で動くようになった機械は、人工衛星の誘導によって畑で作業をすることもできる。この種の農場は、土地にたいしてかつてないほど人間の意思を押しつけることができるようになり、〝ファーマー〟はその場にいる必要さえなくなっていった。

　私たちの乗る車は、お化け屋敷のような農場のまえで停まった。数棟の豚の飼育小屋、その隣にある銀色の穀物サイロに囲まれた農場はやけに小さく見えた。左側の木立の奥から突然、筋肉質の大きな黒い影が現われた。両の翼がはためくたびに、アメリカ合衆国の象徴であるハクトウワシの姿がよりはっきりと見えてきた。ワシが頭上を旋回すると、私の心臓が早鐘を打った。農学者は、ここ数年のあいだにワシがこの場所に戻ってきたと説明した。「それはよかった」と私は言った。「ワシは何を餌として食べるんです？」。気まずい沈黙のあと、友人のファーマーが言った。「たぶん、小屋の外に置かれた死んだ豚じゃないかな」。誰もが黙り込むなか、ワシは農場の奥のほうへと飛んでいった。

＊

ここに勝者は存在しない。これらの畑を支配する農業企業は巨大化し、一社か二社の独占的な買い手に完全に依存している。買い手側は企業に低価格での販売を無理強いし、気に食わなければ相手を倒産させることもできる。土地から生まれた資金は、すべての土台となる借金を提供する銀行、トラクターや機械を販売するエンジニアリング会社、合成肥料と農薬の製造業者、種子会社、保険代理店へと流れていく。とはいえ、効率性と生産性に焦点を当てた（化石燃料の大量投入と生態系の悪化を無視した）利益率の高い事業という観点のみから評価されるとすれば、これらの新しいファーマーたちは驚くべき存在であり、かつてないほど有能な仕事をしていることになる。一九五〇年の祖父世代に比べ、二〇〇〇年の平均的なアメリカのファーマーの一時間当たりの生産量は一二倍に跳ね上がった。この驚くべき生産性は、多くのファーマーにとっての終焉を意味した。一九九五年には三万人以上いたイギリスの酪農家の数は、現在までに半数以下の約一万二〇〇〇人に減った。同時に、イギリスの乳牛の数も過去二〇年のあいだに半減した。残った酪農家と高泌乳牛《スーパー・カウ》の驚くべき生産性は、牛乳の生産がほぼ安定しているという純然たる事実によって証明されている。

　このような統計は人々の生活に変化をもたらした。世界じゅうで食生活や家計の内訳が変わり、まるっきり異なる生活様式が生まれた。イギリスの一般的な家庭の世帯所得に占める食費の割合は、一九五〇年代には約三五パーセントだったのにたいし、今日《こんにち》までに約一〇パーセントに下がった（ただし貧困層ほど所得に占める食費の割合は高く、およそ一五パーセント）。かつて食費として使われていたお金は、家やレジャー、車、携帯電話、服、書籍、コンピューターなどの消費財、住宅ローンや家賃、あるいは数世代まえの庶民には手の届かなかった海外旅行などに使われるようになった。現代の世界は、これらの余剰金によって発展してきた。しかし、人々の生活や購買行動の変化は同時に、計り知れない圧力を生みだした。その圧力は農家の畑から発生し、農民たちは可能なかぎり生産性を向上させることを求められた。安価な食糧が手に入ることと、農民が工業的な技術を導入せざるをえない状況に陥ることのあいだには、直接的なつながりがあった。農耕牧畜の工業化が進めば進むほど、消費者の関与はさらに減っていった。

　祖母世代の女性たちはかつて、地元の精肉店や市場のファーマーから鶏肉を買い、その鶏がどのような環境で育てられたのか売り手に説明を求めることができた。しかしいまでは人々は、すでに切り分けられ、骨が抜かれ、プラスティック容器に梱包された匿名の肉を買うようになった。

あたかも客を子ども扱いするかのように、鶏の生と死に関する現実は隠される。多くの人々は、解体されるまえの動物の屠体について考えることもなければ、すべての部位からさまざまな料理を作ろうとは考えない。骨からスープを作る人などほとんどいない。私たちの多くは、食べることを可能にする基本的な作業の方法を知らない――どのように動物を解体し、部位を引き抜き、切り開くのか。さらに、鶏の飼育方法に影響を与えることもできない。あまりに巨大になった食品会社は、スーパーマーケットの棚のまえに立つ消費者の懸念に眼を向けようとはしない。

地元に根づいた食糧生産はかつて人々により大きな力を与え、消費者は農業を見、判断し、それに影響を与えることができた。ファーマーやお肉屋さんとの顔を突き合わせての取引のなかで祖母たちは、鶏の好き嫌いについて生産者や販売者に伝えた。地元の食品市場は、たんなる金融・商品取引所ではなく、知識と価値観を交換する場所でもあった。物事がどのように行なわれるべきかについて、一種の共有の道徳規範によって人々を結びつける場だった。スーパーマーケットの食品システムは、もうそのようなことを心配する必要はないと私たちを説得しようとした。いまでは誰もが、無感動かつ無関心であることを奨励されている。農業にたいする人々の信頼を蝕んできたほぼすべての食品スキャンダルや農業危機は、コスト削減を追い求めた結果として生じてきた。本来のあるべき価格よりも食品をさらに安くするために、流通網のなかにいる農民やほかの誰かが裏でこっそりと手間を省き、父親や祖父世代の人々が夢にも思わなかった行動をとったのだ。

それはビジネススクールの考えを土地に当てはめたものであり、倫理や自然の問題は意識の隅っこのほうへと追いやられた。感情、文化、伝統のための余地はなく、自然の制約や犠牲について理解しようとする流れもなかった。現代的な農業の考え方では、感情などのこれら外的な要因は関連するものとは認識されなかった。この農業は、生物学的な活動として理解されたものではなく、財政的および工学的な課題を解決するために変換されたものだった。まさに、スーパーマーケットが求めたことだった。そのような農業は、完全に均一化された食糧製品の年間を通じた安定的な供給を保証することができた。誰もが、農業はたんなるビジネスのひとつであり、ほかのビジネスと同じルールにしたがうべきだと考えようとしてきた。しかし時《とき》とともに、それはどこまでも愚かな考えのように見えてくるのだった。

私たちは食の選択と倫理に取り憑かれた社会を作り上げたが、それらの選択肢を生みだすために、実践的な農業や生態系の知識から多くの人を切り離した。今日の人々は何を食べるべきかを心配するが、地元の土地がどのように耕作されるべきか、どんな食品を持続的に生産できるのかということにはほとんど眼を向けなくなった。農業や生態系についての話題となると、多くの人はひどく無知だ。これは文化的な大惨事だといっていい。なぜなら、この地球上で持続可能な生活を送るという世界的な課題は、じつのところ地域的な課題でもあるからだ。永続的でありながら、損害を最小限に抑える農法とは？　地元の農業は、人々の食卓に何をもたらしてくれるのか？　これは、地元の食材だけを食べるべきだという議論ではない（私自身、みんなと同じくらいバナナが好きだ)。この議論が思いださせてくれるのは、多くの食べ物が眼の届く近い範囲で生産されるのは理にかなったことであるという点だ。

＊

経済学者はまちがっている。農業は、ほかのどんなビジネスとも異なるものだ。結局のところ農業は自然の環境のなかで行なわれ、自然界に直接的かつ深刻な影響を与える。農民たちが集団で土地を効率化して不毛なものにしたせいで、あらゆる種の鳥、昆虫、哺乳類が消え去り、生態系が崩壊した。イギリスの野生生物について近年行なわれたすべての主要な調査のなかで、同じことが明らかになった――農地から野生生物が驚異的な規模と速さで失われている。ある包括的な調査では、イギリスが「地球上でどこよりも自然が枯渇しつつある国のひとつ」だと結論づけられた。

生態学的な観点から見ると、農業における変化の影響は白黒はっきりしたものだ。なぜなら、人々は原因やプロセスをあれこれ精査するのではなく、結果だけを判断するからだ。しかしわが家が経験したように、人間に起因する原因は煩雑で紛らわしく、調整するのがむずかしいものだった。たんに善人と悪人を選びだし、道徳的な物語を語ることができれば、問題ははるかに単純だったにちがいない。が、真実は乱雑でじつに微妙なものであり、倫理的にも複雑だった。私の家族と友人たちは、その状況のなかで働きつづけた。彼らは誰もが善良な人々であり、愚か者や破壊者などではなかった。そんなファーマーへの経済的なプレッシャーは、いまもむかしも莫大なものだ。大きなストレスや膨大な作業量は、自然を実際に眼にしてまっとうに評価し、賢明な考えをもつための適切な状況を作りだしてはくれない。現在の批判のなかには、大企業や政治勢力にたいするものだけでなく、いまも細々と農業を続ける人々に向けられたものもある。そのような農民の多くは、自分の土地と生活様式を守ろうとして破産寸前の状況に陥っている。にもかかわらず彼らのほうが、農業をまちがった方向に導いている張本人だと批判されることがあるのだ。しかしそれは、スーパーマーケットの低賃金のレジ係に、親会社である数十億ドル規模の企業の罪をなすりつけているのと同じことだ。

＊

むかしながらのやり方が完璧だったというわけではない。たしかに、完璧などではなかった。変化の一部は必要で正しいものであり、おそらく避けられないものでもあった。くわえて全体の流れは、「完全に牧歌的」から「地獄のように工業的」への絶対的な移行などではなかった。ファーマーのなかには、先祖たちがずっと続けてきたように、土地への変わらぬ敬意と愛を示そうと果敢に取り組んでいる人々もいる。新しい農場の一部は、動物の健康状態を改善し、病気の発生率を低下させた。古い伝統的な農場のすべての動物が良い扱いを受けていたわけではないし、新しい農場のすべての動物が悪い扱いを受けているわけでもない。実際のところ新しい農場での変化の多くは、選抜育種といった古い方法を進化させたものだ。現実的に見れば、わが家の農場を含めたイギリスや世界各地のすべての農場はいま、「超集約的・工業的農業と伝統的農業のあいだのどこかに位置しているといっていい。ほとんどの農場が近代化されたが、一部の農場の近代化のレベルはほかよりもはるかに進んでいる。〝ファーミング〟という言葉はいまでは、ひどく幅広い範囲の活動を網羅しようとする言葉になった。

正しい方法を必死になって探しているいまこそ私たちは、過度に単純化された解決策を求めることを避けなければいけない。歴史のなかには、還元主義的な思考が農業にあてはめられ、事態がただ悪化した例がたびたび登場する。奇跡的な解決策は往々にして、予期せぬ結果をともなうものだ。

＊

第一次世界大戦中の一九一五年、ドイツ政府の役人たちは、連合国による封鎖作戦の影響によって国民に行きわたる食糧が不足しつつあることを憂慮していた。そこで彼らは、ドイツ国内で飼われている五〇〇〇万頭の豚を解体すればいいのではないかと思いついた。豚は餌となる植物を大量に消費するため、その分を人間のために利用したほうがいいと役人たちは論理づけた。「シユヴァインモルト」（豚殺し）と呼ばれたこの大量解体は、一見すると完璧な解決策のように思われた。しかし役人たちは、作物の成長をうながす肥やしを提供してくれるという豚の役割を理解していなかった。しかも豚の多くは、ほかの作物や家庭から出る廃棄物を食べていたため、食用に適さない廃棄された有機物を人間にとって栄養価の非常に高い食べ物に変えていた。結局、計画は大失敗に終わった。翌年の農作物の収穫量が減り、国内の食糧がそれまで以上に不足することになった。

*

多くの人が、超工業化農業にたいする企業のプロパガンダに騙されてしまった。とくに、効率の悪い旧式の農業を一掃し、きわめて工業的な農場の強度をさらに強め、なんらかの方法でのちに土地を開放して野生の姿に戻せば、すべての問題が解決されるという主張に人々は魅了された。この計画には大きな問題がある。新しい超工業化農業は持続可能なものではなく、気候的にも生態学的にも地球上でなにより破壊的な農業だといっていい。天然資源を浪費し、土壌を破壊するという点だけを見ても、長く続くとはとうてい考えられない。

国連によると、世界にはいまでも二〇億人の農民がいるという。その圧倒的大多数は、ハイテク化も、大規模化も、高度な機械化もされていない農場で働く人々だ。この地球上の人口の約八割のための食糧はいまだに、それらの小規模農家によってもたらされている。彼らが生みだす農作物と家畜は、超工業化されるか否かにかかわらず将来に向けて地球で農業を維持するために不可欠なものだ。

ジェイン・ジェイコブズなどの作家のおかげで、新旧が混在する多様な場所に比べて、特化しすぎた都市や町——極端な文化の単一化や近代化が進んだ街、あるいは化石燃料に依存しすぎた街——は実際にはうまく機能しないことが古くから認識されてきた。新しいものと古いものは、予期せぬさまざまな方法で相互に影響し合う。農業についても同じことがいえる。きわめて集約的な農業はじつのところ、古い農法、作物種、家畜の品種を時代遅れとみなすのではなく、まさに生き残るためにそれら古いものを必要とする。この地球上で最先端の集約農業は、より古い農業システム、品種、作物がもたらす遺伝的多様性に大きく依存している。世界でもっとも〝後進的〟な農民たちは、時代錯誤でも時代遅れでもなく、未来のために必要不可欠な資源プールそのものなのだ。

いまも残る多様性に富んだ農業のほとんどは、山岳地帯、遠隔地、砂漠、森林、ジャングルなど世界の端っこに存在する。孤立、貧困、開発の欠如、特殊な気候、標高、緯度、土壌の種類、病気のリスク、作物の栽培期の長さなどの理由によって集約農業が広まっておらず、いまだ伝統的な農法が一掃されていない場所だ。そのような土地は、特別な種類の栽培植物や伝統的な品種の家畜に満ち満ちている。なぜなら一万年以上にわたって人間は、ありとあらゆる場所でさまざまな方法をとおした試行錯誤を続けなければいけなかったからだ。世界じゅうにある農業の〝図書館〟には、地域ごとに異なる何百万もの課題や問題にたいする玉石混淆の解決策がひそんでいるのだ。

巨大な工業的農業企業はこれらの歴史的な農地をうろつき、そこにある富を特定し、所有し、特許を取ろうとする。もっとも生産性の高い品種の穀物やトウモロコシが、新型の病気や気候変化にうまく対応できないとき、農学者たちはどうするのか？　彼らは、いまも残る数少ない歴史的な農業システムのなかにある伝統的な穀物やトウモロコシの品種の数々を調べ、そのなかに解決策を探そうとする。集約的な飼育システム内で最速で成長する豚が、病気やなんらかのストレスにうまく対処できない場合は？　農学者たちは、野生または古い農業システムの伝統的な種の豚の図書館のなかを探し、必要となる強靭さ、生命力、耐病性を見いだそうとする。これからも何世紀にもわたって人間の子孫たちが食糧を得つづけることができるかどうかは、いまは広く知られていない穀物やエンドウ豆の品種が生き残るかどうかによって決まるのかもしれない。あるいは小ぶりな牛、寒冷地域の毛深い豚、暑さに強い鶏などの古めかしい品種が、あなたや私がけっして訪れることのないどこか〝後進的〟な場所の丘の中腹にある泥だらけのファームヤードに存在しつづけているかどうかによって決まるのかもしれない。それらの汚らしい鶏や豚が遺伝子のジグソーパズルの特別なピースをもっているとすれば、おそらくそれこそが将来的に不可欠なものになる。

経済であれ、気候であれ、生物学であれ、未来について人間が知るもっとも重要なことは、それが予測不可能であるという点だ。だからこそ私たちは、農業の多様性という図書館を維持しなければいけない。いま必要だとわかっている既知の物事にたいしてだけでなく、将来的に必要になるかどうか現段階ではまだわかっていない多くの未知の物事にたいして準備をしておかなければならない。多様性には、未来への回復力と頑健性を与えてくれるという強みがある。それが人々に選択肢を与え、リスクを分散させる。

大切なのは、農業の多様性は研究室や試験管のなかで生き残るわけではないということだ。人間の将来のために必要不可欠になりうるＤＮＡや知識の多くは、社会制度や農業システムにもとづくものであり、人々に利用されることによって生き残る。家畜の品種の遺伝的多様性を維持し、健康と活力を保つためには、多くの異なる群れを含む充分に大きな個体群にくわえ、発展的な地域経済が必要になる。伝統的な作物に関しては、古い種を守りながら新しい種を開発するためにも、ありとあらゆる品種を栽培しつづける必要がある。つまり、そのような作物や動物を利用する農業システムや農場は、なんとしてでも生き残って繁栄し、取引を続け、経済的に自立しなければいけないということだ。くわえて、きわめて集約的な農業システムはきまって古いシステムを利用し、その原料や繁殖動物を生みだしているということはいまだ広く認識されていない。たとえばヨーロッパの低地農場の畜産業者の多くは、既存の種だけを繁殖させて生産性の高い土地を無駄遣いするのではなく、山岳種の羊や牛の群れの交配種の雌を新たに購入して群れに引き入れる。

きわめて集約的な農業だけを残し、それ以外のすべてを一掃することはできない。これらの集約農業システムの高い生産性は、それが実際にはより古く伝統的なシステムに依存しているという事実を覆い隠してしまう。長期的な持続可能性のためには、かならず古いシステムが必要になる。よって、古いシステムを守ることこそが問題に対処するための唯一の方法となる。

イギリスはいまでも、地球上でどこよりも農業多様性に富んだ場所のひとつとされている。それは、この国独特の農業の歴史にくわえ、家畜用の牧草を育てるのに最適な場所のひとつであるという贈り物のおかげだ。イギリスの島々は、何百もの牛、羊、豚、ヤギ、馬、ポニーの品種が生まれた場所だ。それらの品種のほとんどは、辺鄙《へんぴ》な地域にある小自作農地やむかしながらの農場のなかで、新しい農業の端っこにしがみついてなんとか存在しつづけてきた。くわえて、農業共同体のなかにいる頑固な擁護者たちのおかげで生き残ることができた。この二、三世紀のあいだに、世界の広い地域で近代的な畜産農業へと農法が切り替わっていったが、それらの土地で飼育される動物の多くは、純粋な英国種かその交配種のどちらかだ。ヘレフォードやアバディーン

・アンガス種の牛、サフォークやレスター種の羊、ラージ・ホワイト種（大ヨークシャー種）の豚が、はるか遠くのアメリカ・テキサス州、西オーストラリア州、南アフリカ、ウクライナなどの場所で飼育されている。イギリスの多くのファーマーの生活はいまでも、そういったさまざまな品種にもとづく歴史的なシステムを軸に成り立っており、よって特定の種の家畜を飼育するための知識と技術が不可欠となる。

世界はこれまで数世紀にわたり、何億人もの人々に食糧を供給するために農業多様性の〝図書館〟をおおいに利用してきた。いまは、古い品種と植物種を失うべきタイミングではない。多くの質の高い食糧を持続可能な方法で生産するために、私たちは物事を総体的に考えなければいけない。人間は農業多様性を必要とし、豊かな自然を必要としている。

＊

技術的な変化や効率性をまるっきり無視することはできない。人口があまりに多すぎる現状では、そんなのは愚かなことだ。二一〇〇年までに世界は、一〇〇億人以上が住む場所になろうとしている。すべての農場が非効率的であれば、種としての人間は、全員を食べさせるために地球上のより広範囲の場所を利用せざるをえなくなる。結果、原生地域や野生の自然が成長する余地がほとんどなくなってしまう。これほど多くの生態学者が取り憑かれたように農業の効率化を推し進める理由は、それがより小さな土地から必要なものを得る方法だからだ。現実問題として効率性の向上が必要であり、過去に完全に浸ったまま生きてはいけない。それが複雑な真実だ。大切なのは、ちょうど良いバランスを見つけ、効率性のほかにも重要なことがあると気づくことだ。問題について明瞭かつ総体的に考える必要がある。よく起こりがちなように、眼のまえのひとつの問題だけに取り組んでいてはいけない。時間は刻々と過ぎていく。私たちはいまこそ行動に移らなければいけない。

*

アメリカ中西部を離れた私たちは、これまで経験したことがないほど最悪の冬へと戻ってきた。強風と嵐がひたすら続き、風、雨、霙《みぞれ》、雪によって何本も木が倒れた。何週ものあいだ土地は水浸しとなり、いたるところに泥濘《ぬかるみ》と水たまりができた。そのあと、過去最悪の大嵐がやってきた。すでに水が染み込んだ地面に、一日で三五〇ミリの雨が降った。どの湖もすでに満杯で、地面はスポンジのようにびしょびしょになり、それから私たちの渓谷で観測史上最大量の雨が降った。嵐は巨大な怒濤となって押し寄せ、轟音をあげて家々に襲いかかった。私たち家族は、海底で貝殻に身をひそめるヤドカリのような気分でじっとしていた。翌朝、それまで川などなかった丘の斜面に川が流れていた。

私たちの農場から続くフェルの向こう側、ヘルヴェリン山の麓の岩がちの盆地がひとつの巨大なボウルとなり、そこから村に向かって水が流れていた。水は勢いを増し、岩の上を転げ落ちる大きな泥の奔流になった。水のスピードはますます上がって激しくなり、石や巨礫《きょれき》を拾い上げ、フェルの斜面を地響きとともに駆け下り、川岸へと進んでいった。砂利で満たされた村の水路から溢れでた水は、ふだんは小川《ベック》の流れを堰《せ》き止めてくれる石垣を超え、土手へと流れ込んだ。新たに分岐した水が四方の道路へと流れ、アスファルトを引き剝がしてまわりに投げつけた。水は玄関の下から店舗、ホテル、台所のなかへと流れ込んだ。住民が二階に避難すると、川は轟音とともに村を突っ切り、湖へと流れていった。何時間ものあいだ、水は数千トンの砂利、巨礫、岩を運び、湖畔の野原や村のいたるところに積み上げていった。

眼のまえの流れを含む何十もの奔流が丘の斜面を滑り落ち、泡立つ茶色いスープのなかに流れ込んだ。そこはアルスウォーター湖だった。湖の水面が上がり、道路、農家の台所、畑、柵を呑み込み、木々が切り裂かれて流れていった。わが家の裏のフェルのすぐ向こう側にあるその湖の水位がみるみる上がり、そこから川となって流れでる水が刻々と勢いを増していった。下流のほうで洪水警報が流れはじめ、イングランド北部の半分の地域にあるパソコンのスクリーン上でも警報が点滅した。それでもなお、殴りつけるような雨が降りつづけた。

古いアーチ橋であるプーリー・ブリッジが崩壊するのではないかと人々は不安になり、橋の上の車の通行を止めた。やがて茶色い水の圧力がどんどん増し、古い橋はあたかもビスケットで造られているかのように砕け、流されてしまった。川の下流では、ふだんは安全な畑にまで水が流れ込み、牛や羊の群れのまわりへと迫ってきた。ファーマーたちは家畜を危険な場所から移動させた。友人らは牧羊犬を連れて出発し、泥流に呑み込まれないように群れを集めようとした。羊たちは、少し高くなった小さな一帯に移動したが、まわりはすでに水に囲まれていた。羊飼いは、これからどうなるのかを本能的に知っている。一〇回に五回のケースでは羊は賢明に行動し、安全な場所へと救出される。しかし一〇回に五回のケースでは羊は怯えて水に飛び込み、そのまま流されてしまう。生と死は、命がけの単純な賭けに成り代わってしまう。羊飼い自身が溺れてしまうこともあれば、犬が溺れてしまうこともある。羊飼いのなかにはあえて介入せず、羊がみずからの判断で高台にとどまり、最悪の事態を乗り切ることを願う者もいる。一方で、介入せずにはいられない羊飼いもいる。

私の友人のファーマーは、いちばん経験豊富な犬を羊の群れの端に送り込み、柵のほうへと誘導させた。そこまで来れば、羊の体を手でつかむことができた。羊たちは深い水たまりからゆっくりと離れ、柵で造られた仮設の囲いへと移動していった。危機一髪だった。直前まで羊がいた草地は、すでに水で覆われていた。しかしそのとき、一匹の血気盛んな羊が囲いを飛び越えて深い水のなかに飛び込んだ。友人は止めようとしたものの間に合わず、残りの羊もつづけて飛び込んでしまった。羊は一匹、また一匹と奔流のなかでぷかぷかと揺れながら、下流へと流されていった。数日後に洪水の水が引いたあと、何キロも下流で腹を膨らませて死んでいる羊が何匹か見つかった。木の枝にぶら下がっている羊もいた。が、ほとんどは見つからなかった。土砂崩れによって納屋で圧死した羊もいれば、洪水で溺死した羊もいた。

あるゴルフ場の管理人は、フェアウェイをとぼとぼ歩く一頭の牛を見つけた。白と黒の模様が美しい清潔な牛だった。その牛は、夜のあいだに荒れ狂う川によって下流へと流され、ゴルフコースの上に吐きだされた。まるで、子どものころに読んだ聖書物語の絵本に出てきたヨナ（旧約聖書の「ヨナ書」に登場する預言者。嵐のなか大魚に呑まれるが、のち吐きだされて生還した）のようだった。ゴルフ場から電話がかかってきたとき、牛の飼い主であるファーマーはそれが実際に自分の牛だとはすぐには信じられなかったという。なんと、牛は奔流のなかを二五キロ近く移動していた。

まわりはひどい有様だった。牧草地のなかの水の最高到達地点にはゴミが一列に並び、農場じゅうに漂流物やガラクタが散乱していた。そのような状況のなかでさえ、ある者の損が他人の得になることもあった。知り合いのあるファーマーは、一カ月まえに起きた小さな洪水から恩恵を受けていた。何百トンもの良質の薪が牧草地に流れ込んできたのだ。「拾ったものはおれのもの」と彼は言って友人たちに自慢した。しかし今回の洪水によって、夜のあいだに薪が一本残らずすべて農場から流されてしまった。友人たちは「因果応報ってやつだ」と言って笑った。

水が引くと、起きたことにたいする戸惑いと衝撃が広がっていった。イーデン川にかかるカーライルのある橋には、一五〇〇年まえに記録した最高水位を示す印がつけられている。そのあと何十年ものあいだ、水位がその印を超えたことはいちどもなかった。しかし、ここわずか五年のあいだに記録は二回も破られた。いちど目は五〇センチ、二度目は一メートルも記録が更新された。地域の誰ひとり、そのような雨を見たことはなかった。損害は数億ポンドの規模におよび、氾濫原にあった何千軒もの家屋が破壊された。街でも、何百軒もの住宅が浸水した。水が引くと、人々は家のなかのものを外に出した。家具や所有物は通りに投げだされて悲しき山となり、それから建設業者のコンテナに入れられた。壁には汚物がべっとりとついていた。

洪水のあと数週から数カ月にわたって、わが家の渓谷から何キロも上流にあるカーライルの町でも土地の管理法についての議論があらためて盛んになった。知り合いのファーマーたちは、信じがたい量の雨が降ったことに当惑しているようだった。それまで強靭だと思われていた河川系はいまや、実際に起きたことに対処するには脆く不充分に見えた。状況はこれから悪くなる、いまよりもずっと悪くなると人々は言った。

＊

ファーマーは以前、自分たちが土地で何をしても自然が適応し、対処してくれると思い込んでいたが、そんな考えはもはや信用できなくなった。母なる自然を打ち負かす人間の力は、私の生きているあいだに指数関数的に大きくなっていった。それは、進歩という名の仮面をかぶった力だった。力を手にした人間は、祖先にとっては信じがたい規模で物事を破壊してきた。自然界には無限の資源と埋蔵量があるという古い信仰は、自然を破壊へと導くものだった。自然が脆弱であるという考えは、私の祖父にとって、さらには父親世代のファーマーにとってでさえも、ヒッピーや共産主義のプロパガンダのように聞こえたにちがいない。しかし、いまではそれが真実だと証明された――自然は有限であり、壊れやすい。

社会が農業に関心をもつのは当然のことだといっていい。これまでに実際に起きたことに関する科学は身も凍るようなものであり、にもかかわらず自然の喪失がエスカレートしているという事実はなお恐ろしいことだ。人々は森を焼き尽くし、大気を温室効果ガスで満たし、海をプラスティックで汚染し、驚異的かつ破壊的な速さで生物種を殺している。これらの悲しい事実の数々に気づいているかどうかという点が、祖父が農業を営んでいた時代と私の時代との差だ。ファーマーとして私たちはいま、歴史上のどの世代よりも多くの食糧を生産する必要性と、自然と共存できる持続可能な方法でそれを実現する必要性を調和させなければいけない。農業にたいするふたつの相対するイデオロギーをひとつにまとめ、未来の農業をできるかぎり持続可能で生物多様性に富んだものにしなければいけないのだ。

*

動物の糞、作物の栽培、牛の餌やり、干し草作りなどといった平凡な物事についての知識を身につけなければいけない時代など過ぎ去った――。そう考えた私たちは、平凡な物事や古い方法の価値を蔑《ないがし》ろにしたため、実際にはうまく機能していたことに背を向け、以前はもっていた不可欠な知識や技術を忘れてしまった。あらゆる動植物が生息し、作物と家畜の輪作が行なわれる家族農場のパッチワークの風景の価値を蔑ろにしたため、田園地帯がより〝効率的〟〝単一的〟〝不毛〟な場所に変わることを許してしまった。野生の花、昆虫、鳥でいっぱいの干し草用の牧草地を蔑ろにしたため、それも消えてしまった。足元の生きた土を蔑ろにしたため、土は押し固められ、浸食され、やがて成長が止まった。生け垣や雑木林を蔑ろにしたため、それが引き抜かれても眼を背けた。牧草地で草を食《は》む牛、泥のなかを転がりまわる豚、埃の舞う中庭で地面をつつく鶏を蔑ろにしたため、動物たちは巨大な工業団地に入れられた。牛の尻から大量に流れでてくる糞を蔑ろにし、それが土地に良い影響を与えるものだと考えなかった。そのため牛の飼料がサイレージに変わり、土を殺してしまう酸性のスラリーに糞が変わっても、誰も嘆き悲しまなかった。

私たちは機械を崇拝した。機械が大型化し、畑の形を変え、大麦の一粒さえほぼ残さず刈り取れるのをすばらしいことだと考えた。パンが安く手に入るかぎり、作物がどのように栽培されるのかなどほとんど歯牙にもかけず、作物が毒まみれになっていることを無視した。作物が春ではなく秋に植えられ、不毛な緑の畑が広がり、渡り鳥が越冬できる場所がなくなっても、私たちは気づきもしないか、ほとんど気にも留めなかった。

知ることや気にかけることが自分のやるべき仕事だと人々は考えなかった。そんなことをしている暇はなかった。そして、望むものを巨大企業が与えてくれるのであれば（製造プロセスについて企業がちょっとした甘い嘘をついてくれるのであれば）、私たちはそれを許してしまった。けれどそれは幻想であり、工業的な傲慢さであり、機能するはずのない未来だった。つまり、暗黒郷《ディストピア》だった。いまになってようやく人々は、この心地よい昏睡状態からゆっくりと眼を覚まし、食糧を与えてくれる畑からも、正しい選択をするために必要な知識からも、自分たちが遠く離れたところにいることに気づきつつある。どんなに楽観的な人であれ、誰もが心のなかでわかっているのは、もとに戻る道を見つけるのには時間と信念が必要になるということだ。そして、食糧と農業の関係における抜本的な構造変化が必要になるということだ。

*

私が受け継いだのは、太古のものだった。言い換えれば、深く愛されてきた土地の一区画に住み、働く機会だった。事務弁護士事務所の室内で、古い権利証書に描かれた馴染み深い土地を見た瞬間から私は、それが神の恵みと特権であり、しかし経済的にも仕事的にも厳しい挑戦だとわかっていた。私たち家族は、自然と美しさに囲まれた驚くべき場所に住むことができる。しかし私は同時に、家族にたいして大きな責任を感じていた（その土地を売ったり、自分にたいする父の信頼を裏切ったりしてはいけない)。良くも悪くも、この土地といま結婚したのだと私はわかっていた。

　想像できるかぎりもっとも実用的かつ現実的なやり方で、私たちがどのように地球を形づくっているのかについて思案しはじめた。家族の生活を支える農場を作りつつ、この土地と生態系を可能なかぎり再生させる方法を考えださなければいけなかった。過去と現在に正直に向き合い、いくらかの想像力と勇気をもって将来について考える必要があるとわかっていた。くわえて、父親の仕事や知識を尊重しつつも、良い方法が見つかれば自由に物事を変えることができるとわかっていた。

　けれど、どうやって? 子どもたちのために、どのような未来を作ることができるのだろう? 私がすでに心に決めていたのは、規模の強化や拡大をしたり、リスクを冒して巨額の資金を投じたり、敷地内に工場を作ったりはしないということだった。しかし、自然だけに眼を向けて土地を管理し、生産量を減らし、かつ破綻しない方法を見いだすこともできなかった。いま以上に持続可能な方法で農場を運営しようとすれば、資金提供してくれる人もいなくなり、ただ破産の道に向かうだけだとわかっていた。「環境を大事にする」中流階級の人々からの喝采は、「ノー」と言う銀行の支店長のまえではほとんど価値をもたない。困難と妥協の道をなんとか進むしかなかった。請求書の支払いができる程度に優秀なファーマーでありながら、この土地の野生の動植物を管理しつづける必要があった。そうすれば私たちは堂々と頭を上げ、子どもたちの眼を、あるいはいつか孫たちの眼をしかと見つめることができるはずだ。

理想郷《ユートピア》

三〇年以上の時《とき》を経て、私はついに率直さにたどり着いた。その率直さは、自分自身の歴史に満ち、その歴史によってひどい損害を受けた地球の一部に立ち、こう問いかけるために必要なものだった。この場所はいったいなんなのか？　そのなかには何があるのか？　その性質とは何か？　そのなかで人々はどのように生きるべきなのか？　私は何をしなければいけないのか？

まだ答えは見つかっていないが、部分的で断片的ではあるものの、その答えは私のほうに近づきつつあると信じている。

——ウェンデル・ベリー『故郷の丘』（一九六八～六九年）より

何かに特化するのは致命的なことだと思います。あらゆることがそう私たちに教えてくれます。自分にできることが多様であればあるほど、よりよい結果になるのだ、と。

——ジェイン・ジェイコブズ

『ジェイン・ジェイコブズ　最後のインタビューとそのほかの談話集』（二〇〇一年）、

ジェイムズ・ハワード・クンスラーによるインタビュー（二〇〇一年三月）より

老人たちは〝ポッシュ〟な椅子やゲスト用に持ち込まれた数脚のガーデン・チェアに坐っている。片手にビール缶、もう片方の手に半分満たされたグラス。この種の古いファームハウスの食堂はいまでも、葬儀、洗礼式、この日のような会合のために〝保存〟されていることが多い。暖炉のマントルピースの上にちょこんと置かれた小さな磁器のカワセミが、渦巻き模様の絨毯に飛び込んで魚を捕まえる準備をしている。灰色の窓ガラスに、雨がたたきつけている。

ファームハウスは塵ひとつないほど清潔で整理整頓されており、何週間もまえから着々と準備が進められていたことは明らかだった。全員がおかわりしても充分な量のおいしい料理も用意されている。料理自慢の一家の女性たちは、自家製パン、ソーセージ・ロール、サンドイッチ、チャットニーとサラダ、自家製肉のスライス、プディングでテーブルを埋め尽くした。彼女たちは雌鶏のように室内を動きまわり、お腹はいっぱいになったか、紅茶は飲んだかとゲストに繰り返し尋ねる。（もはやこの場所と同じようには機能していない現代社会で生活するために、何年もまえに家を離れた）一家の下の娘は、一九七〇年代への日帰り旅行をなんとか辛抱しているように私の眼には見える。両親への敬意と愛を示すために、この古風な家庭生活に敢然と耐え忍んでいるようだ。視線を合わせると、彼女は「やだ、私が考えていることってそんなにバレバレ？」とでも言いたげにぎこちなく微笑む。私は「大丈夫だよ」と笑顔で伝える。

私たちは、父親の親友のひとりであるデイヴィッドの七〇歳の誕生会に参加している。小柄で、がに股で、大きく厚い胸をした彼には、あたかも自分の体では抑えきれない力がみなぎっているように見える。デイヴィッドは新しいアイデアと計画でいっぱいの、元気溌溂《はつらつ》な男だ。

典型的なカンブリア地方のパーティーだった。両親の友人たちに囲まれた私は、まだ完全に大人にはなっていないような例の感覚に包まれる。しかし良くも悪くも、これが私の仲間だ。男たちは代わる代わるそばにやってきて、私の最近のニュースに耳を傾け、自分のニュースを教えてくれる。ほかの人たちも、部屋の奥から満面の笑みを向けてくれる。若いころの私は、これらの会話をとおして評価され、みんなが自分のことを弱く愚かな男だと思っているのではないかと不安になったものだ。実際、そうだったのかもしれない。でも、いまの私にはわかる。ここで互いに話す物語は、イバラの茂みのなかでタカを恐れるスズメの鳴き声のように互いを強く結びつけてくれているのだと。

老人のひとりが、私のことを誇りに思っているとぽつりと言う。冗談かと思って彼の顔を見たが、そうではなかった。予期せぬ言葉だった。デイヴィッドが近くにやってくる。私は幼いころから彼のことを知っている。ずっと大好きだったが、彼がこれほど立派で親切な人物だとはっきりと気づいたのはここ数年のことだった。デイヴィッドは父親の通夜のあいだずっと私のそばに坐り、いっしょに酒を飲んでくれた。父さんとは生涯の友であり、親友のひとりだったと彼は私に語った。私たちはともに涙を流し、笑い合った。会話のなかでデイヴィッドは、二〇歳のころの父さんのおもしろいエピソードを教えてくれた。ガールフレンドを家に送り届けるのが遅くなり、彼女の父親と一悶着あったという話だった。ちょうどそのとき納屋で騒ぎが起きた。結局、私の父は、家の横にある牛舎で彼女の父親といっしょに牛の出産の手伝いをすることになったという。死んだ父とそうだったように、私とも良い友人同士になりたいとデイヴィッドは言った。

それは心からの約束のように聞こえた。実際、彼は約束を守った。デイヴィッドは年に二、三回私の農場を訪れ、何気なく助言を与えてくれる。父さんから買っていたように、デイヴィッドは私から雄羊（ラム）を買い、競売市では私の農場の羊に適切な価格がついているかたしかめてくれる。かつて父に訊いていたような質問が頭に浮かぶたび、彼がそれに答えてくれた。デイヴィッドにそんなことをする義務は四五歳になったいまでも、私はしっかりと見守られている。デイヴィッドにそんなことをする義務はない。予期せぬ彼の行動に、私は感動している。彼は私の面倒を見てくれるが、深く考えてそうしているわけではない。ただ、それがデイヴィッドという人間なのだ。今日、私の父親もその場にいて自分の誕生日をいっしょに祝ってくれたらどんなに嬉しかったか、と彼は私に言う。同じ気持ちだ、と私は答える。

デイヴィッドと父はいっしょに育ち、小遣い稼ぎのために羊の毛を刈り、ダンスに行き、女の子を追いかけ、車を猛スピードで走らせ、困難を乗り越えてきた。大人へと成長し、お互いに所帯をもつようになってからも、ずっと肩を並べて人生を歩んできた。ともに苦労し、大きすぎる借金を背負って土地を買い、それをなんとか返済し、自分のやろうとしていたことをやっとのことで達成した姿をふたりは互いに見てきた。数年まえ、デイヴィッドが重い病気にかかったことがあった。病院にお見舞いに行った私の父親は、意気消沈して家に帰ってきた。それが今生《こんじょう》の別れになると父は考えた。が、デイヴィッドは回復した。そしていま彼は室内の全員に気を配り、飲み物を手渡し、時間を割いてみんなに話しかけている。私の子どもたちのことまで気にかけ、農場の羊や学校生活について尋ね、息子のアイザックのために農場のおもちゃを取ってくるよう大人になった自分の娘に言いつける。かつてはデイヴィッドの息子のものだったと思《おぼ》しき箱が運ばれてくると、アイザックは一本足の牛、タイヤ三つのトラクター、塗装が剝がれた金属製の豚小屋で遊びだす。

老人たちは子どもらが遊ぶのを見守る。彼らは椅子を近づけて輪になって坐り、話しはじめる。農耕牧畜がまちがった方向に、ひどくまちがった方向に進んでいると誰もが考えている。私は会話に耳を傾ける。ある老人は、異なる作物の栽培と牛、羊、豚の飼育を組み合わせた混合農業に戻るべきだと訴える。「ひとつのものだけを育てるっていういまのやり方はダメだ」と彼は言う。「ひとつのものだけを育てるのは危険だ。乱高下する物価の影響を受けやすくなる。もっと牛を飼え、たくさん金を貸してやる、とあいつらは言う。だが、うまくいかなくなったときには、銀行は農場を乗っ取るだけだ。血も涙もありゃしない。あいつらを信用しちゃいかん」

面識はあるものの名前を知らないべつの男性は、質の高い家族農場にさえもう未来はないと言う。金利が上がり、豚肉や牛乳の価格が下がり、飼料の価格は上がる。それらの数字がみんなを追いつめる。私たちは誰もが、破綻した農場の公売会に行って雨のなか突っ立ち、競売人がファーマーの機械や家畜を売り払う姿を見守ったことがあった。競売人のそばに立つファーマーは気丈に振る舞い、横の妻は腕をつかみ、愛情いっぱいに微笑みかけて夫の様子をたしかめる。集まった何百人もの友人たちは、夫婦に敬意を表し、販売台帳に名前を残すためだけに、ほんとうは必要のないものを買う。

私たちはみんな、精神の病に苦しむファーマーを知っている。私たちはみんな、自殺したファーマーを知っている。

父の親友のひとりであるジェラルドが口を開く。自分の農場のいちばん標高の高い場所に立ち、イーデン・ヴァレーを見渡したとき、そこがたんなる「緑の砂漠」であることに最近になって気づいたという。むかしに比べて鳥の数が少なくなった、と彼は言う。ハリネズミはどこへ行ったのか？　蝶はどこにいる？　ほかの男たちは不安そうな表情を浮かべる。ジェラルドがそう話すのを聞いた私はショックを受ける。彼の言葉はまるで、みんなに忌み嫌われていた環境保護主義者の台詞のようだった。

彼らは、誰もが知るある土地について話しだす。深く豊かな黄金色の穀物が育ち、風と陽光のなかでちらちらと輝いていたその土地が、いまはやせ衰えてしまった。そこにいま育つのは、かつてないほど質の悪い病弱な作物だった。一五年連続で穀物の栽培のために使われてきたため、いったん休ませ、草によって土壌を回復させ、家畜の肥やしで栄養を補給する必要があった。彼らは、古い友人であるかのように地域の土地について話す。その古い友人たちは、いまは適切に世話されていなかった。

それから、べつの男性の声が聞こえてくる。隅の古い肘掛け椅子に坐る、私の知らない男だ。すべての元凶となっているのは、金、大企業の強欲さ、多くのものを求めて残りの人々を弱体化させる少人数のファーマーだと彼は言う。おれたちは忌々しい愚か者であり、お互いを底辺へと追い込んでいるだけだ、と男は続ける。一〇〇頭の牛で儲かったら、さらに五〇頭増やしてもっと金儲けをしようとする。一〇〇頭の牛で損をしたら、さらに五〇頭増やして窮地から逃れようとする。どちらにしろ、「いまよりもっと」をつねに求められる。デイヴィッドの息子は私のほうに向きなおり、「もうぜんぜん愉しくない」とつぶやく。

ここにいるのは保守党員でこそないものの、むかしからどちらかといえば保守的な人々だった。そう知っているのは、男たちがもっと若く、私が子どもだったころからずっと彼らの話を聞いてきたからだ。ところが、何かが変わった。彼らの発言にはつねに分別があった。いまでは、そこに急進主義が混じっていた。その意見は正しいものだったが、彼らが私と同じように物事を見ていることに衝撃を受ける。私はすでに、彼らの考えから距離を置いたのだと考えていた。しかし実際には、私たちみんなが同じ悪い考えから離れようとしていたのだ。誰もが、何が起きたのか、そこからどうすれば抜けだせるのかを理解しようとしていた。つぎの瞬間、そのような真剣な政治話に気恥ずかしさを感じた私たちは、プディングを取りにいくために自然発生的に立ち上がり、列になって歩くペンギンのように台所にぞろぞろと移動する。クリームをかけたシェリー・トライフル。レモン・チーズケーキ。細かく刻んだフルーツ・サラダ。それから私たちは坐ってデザートを食べ、何かほかの話題を探そうとする。たとえば、サッカーについて。

＊

デイヴィッドの誕生会から帰ってきた私は、前日の洪水で孤立した丘に取り残された羊たちの様子をたしかめにいく。危険な状況ではなかったものの、問題が起きていないか見にいく必要があった。フェルの自分の古い農場に戻ってきた私は安堵する。小川《ベック》の脇の草むした土手が平らになっている箇所を見れば、水位がどこまで上がったのかがわかった。刈り取られた干し草畑のガラスのような水たまりが鏡となり、そこに空が映っている。すべてが清らかで明るい。コマドリの卵の殻のような淡い青い空に、白い雲の島が散らばっている。下流に向かってずんずん進んでいくと、水の滴《したた》り程度だったベックが太くなり、小さな川のようなものへと変わっていく。

私たち家族の土地は、数えきれないほどの小さな変化をとおしてふたたび蘇りつつある。洪水に見舞われたばかりの土手に垂れ下がる野生の草花が、地面の砂利から空に向かって伸びようとしている。ジギタリスがそよ風に揺れる。茶、オレンジ、白の小さな蛾と蝶が、花の茂みの上をすいすい飛び交う。九〇メートルほどさきのイグサの藪のなかから、一羽のサギがぎこちなく飛び上がり、帆のような翼を広げて谷をくねくねと滑降し、ふたつの牧草地の奥にある小川へと滑らかに戻っていく。洪水のあと、この渓谷はいつも輝いて新しく見える。しかし、罪深い過去を洗い流してくれる聖書の洪水とはちがい、水が引くと、いかにも人間的な過去と現在の乱雑さがまた現われる。

*

私たちの農場の土地は、ほかの数多くの詩で紡がれるパッチワークの風景のなかにある一篇の詩のようなものだ。それらの詩は、いまここにいる幾百もの人々、私たちのまえにこの地にいた幾百の人々によって書かれ、それぞれの世代が新しい意味と経験の層をくわえていく。実際に読む機会があるとすれば、その詩が入り組んだ真実を伝えていることがわかるはずだ。詩のなかには、どこまでも美しい瞬間と胸が張り裂けるような悲しい瞬間が描かれている。人間の勝利と失敗、人間の善と欠点。私たちが必要とするもの。強欲によって大切なものを破壊してしまうこと。変わらないもの、変わるもの。世界が変化するなか、嵐の怒濤に流されまいと、数えきれない世代にわたってしがみついてきた誠実で勤勉な人々について……。さらにその詩は、いったん手を放して土地から流されてしまった人々の物語でもある。彼らはなおも故郷のことを忘れられず、なんとか帰る道を探そうと模索している。

*

父が死んでからもう五年になる。その十数年まえに私たち家族は、イーデン・ヴァレーの借り農場を手放した。最後に農場から車で離れたときに私は、子ども時代と青春時代のほとんどを過ごした場所に思いを馳せ、静かな涙をこぼした。それらの土地は私の遊び場であり、教室であり、はじめての仕事場だった。頭のなかは、それまでに学んだこと、数えきれないほどの美しい瞬間の記憶でいっぱいだった。その農場というレンズをとおして、私は世界の見方を学んだ。天気、農耕牧畜、仕事、共同体、まわりの野生生物について教えてくれたのがその場所だった。まるで、腹心の友に最後の別れをするような感覚だった。最愛の故郷がバラバラになるのを私は見捨てようとしていた。しかし借り農場の土地は私たちが所有するものではなく、その事実はこれからも変わらない。なんとか農耕牧畜にしがみつき、何か良いことをするチャンスがあるとすれば、それは丘陵地帯のリーバンクス家所有の農場に転がっていることはまちがいなかった。

私たちは代わりに、広さ一八五エーカーの祖父のフェル農場に居を構えた。五〇年まえであればそれなりの規模の農場だったはずだが、今日の工業的農業の基準からすると、ちっぽけな農場だった。取引銀行の支店長は、趣味にしては大きすぎ、金を稼ぐには小さすぎると言った。しかし、それは私たちが所有する土地だった。

*

私はいまでも、古い借り農場にときどき戻ることがある。かつて愛し、いまは他人になってしまった誰かを訪れるようなものだった。父が数年おきに燃やした丘の斜面のハリエニシダは、大型の掘削機かブルドーザーか何かで根こそぎにされていた。その農場のファーマーたちは、古い〈クオリー・フィールド〉を現代風の畑に変えた。干し草の牧草地は掘り起こされて〝改良〟されていた。大麦、オーツ麦、カブの畑は見当たらない。すべてが整然とし、明るい緑色で、より効率的に種蒔きと耕作が行なわれている。かくれんぼをして遊んでいるあいだ、遠くの電線に向かってすいすい飛んでいったムネアカヒワ。サンザシの茂みの隙間を走りまわるウサギ。黄色いハリエニシダの藪のてっぺんから歌のような鳴き声をあげたキアオジ。すべてが消えていた。

からからに乾ききったハリエニシダに火をつけたあと、パチパチと鳴る炎に囲まれたおやじが狂気じみた眼で突っ立っている姿を私は思いだした。村まで下りていき、何年もまえに文句を言ってきた校長先生の妻にこう伝えたかった。父さんの古い農法にしたがって一〇年おきに畑を焼き払ったほうが、鳥たちの生活環境はもっと良くなっていたはずだ、と。しかし彼女もいなくなり、世界は変わり、そこはもう私の場所ではなくなった。

*

一〇〇〇年生きるかのように耕作せよ、という古いことわざがある。つまり、誰かほかの人に面倒事の解決を押しつけるのではなく、みずからの行動の長期的な影響にしっかりと向き合ったときのほうが、自然資源をより適切に護ることができるという考え方だ。一〇〇〇年さきの未来について考えることなど、私にとっては気が遠くなるような行為であり、理解することすらできない。そんな神聖な考えをもてるほど裕福な人などいるのだろうか？　ごく一部の貴族や大規模な自然保護団体なら可能だろうか？　少しでも良識があれば、変化が必要であることを疑う人はいないだろう。いまこのときもイギリスの農地の野生生物が減少しつつあるという統計はじつに破滅的なものであり、近年の気候は奇妙で、恐ろしく、前例のない現象を引き起こしている。よって変化が必要なことはたしかだとしても、何をどのように変化させるべきなのかをまず考えなければいけない。この時代の現実に首までどっぷりつかっている私たちが、それをどう実現できるのだろう？

私たちは地球で暮らしている。天使のように宙を舞うことはできないし、自分たちを地球から完全に切り離すこともできない。そのような誤った理想主義は啓蒙思想から生まれ、産業革命のあいだに強まっていった。人々は大地から離れて町や都市に行き、一、二世代後にしっかりとした教育を受けて裕福になると、余暇や現実逃避の一環として大地に戻り、土地と新たな種類の関係を築いていった。大地を離れたとき、多くの人々は誰しもがファーマーだった。戻ってきたときには、より粘り強い誰かがファーマーとして働き、多くの人々はただ〝自然〟を愛《め》でるだけだった。いまでは多くの人が厳しい現実から解放され、社会に食糧を届けるためにほかの誰かが代わりにすることから何歩か離れたところで生活するようになった。古いやり方に我慢できなくなり、食肉解体や死から逃れる道を探した。そのようなユートピア主義は自分にとっては都合のいいものだが、理想主義と戯言《ざれごと》のあいだには非常に細い境界線しかない。

厳密にいえば、ほとんどの土地の自然にたいして私たち人間にできる最善のことは、その場にいっさい存在しないということだ。人間が与える甚大な影響について生態学的な絶望を感じ、まさにそう行動するべきだと主張する人々もいる。要は、もっとも深刻な影響を与える集約農業は一部の土地でのみ利用し、（高地などの）ほかの場所では野生の自然のために可能なかぎり土地を〝保存〟するべきであるという考えだ。そのような絶望は理解できるものだとしても、この解決策はおそらく機能しないだろう。理論の上で〝保存された土地〟が、約束どおり荒れ地に変わることなどめったにないからだ（実際のところ〝効率性〟への賛美によって、世界じゅうの多くの農民はより強い農業を受け容れることになる。彼らは化学薬品と機械化されたツールの巨大な武器庫を使い、その過程で土地をとことん不毛にしてしまう）。たとえそうならなかったとしても、道路、鉄道、住宅といった人間にとって必要不可欠なインフラのせいで、田園地帯の大部分がほんとうの意味で野生のまま残るとは考えられない。たとえ野生の高地が生まれたとしても、それらの場所は孤立した生態系として別個に存在するわけではない。〝野生〟にわずかにでも近いものになるためには、大量の草食動物による高地と低地のあいだの季節移動にくわえ、さまざまな場所への移動をうながす大型の肉食動物が必要になる。その種のほんものの野生の景観（とそれを機能させていた種の一部）はすでに消え、もう戻ってくることはない。つまり、農地を放棄することと、野生の生態系を回復することは似ても似つかないものなのだ。野生のシカの大群が家畜の羊の群れに取って代わったとしても、良いことなどほとんどない。そうではないと願いたいところだが、人間が最上位の捕食者であることに変わりはない。よって人間は、自然を模倣した賢明な方法をとおして生態系をうまく機能させることもできる。一方、人間による捕食がなければ、シカやイノシシのような種が生態系に大打撃を与えることになる。

ありがたいことに私たちがするべきなのは、ありえない過去を再現することではない。干し草の牧草地、雑木林、生け垣をはじめとする伝統的な農地のなかでは、いまも多くの種が生息しつづけている。とはいえ、一般的な農地の種の多くはいまでは希少になったため、現時点で残る伝統的な耕作地を失わないよう努めることがなにより大切になる。ダイシャクシギのような鳥は、じつに長いあいだ人類と共存してきたので、太古のより原始的な環境のなかでどこに生息していたのかよくわかっていない。これは、(大規模なものを含めて)野生の土地が不要であるという意味ではない。もちろん必要だ。しかし複雑な真実は、きわめて集約的な農地を含め、すべての場所で自然が必要であるという点だ。それを持続可能なものにするためには、現実的な妥協点を見つける必要がある。ほとんどの土地において、完璧な一回限りの解決策は存在しない。言い換えれば、「純粋な荒れ地」と「純粋な生産性」のどちらかを選ぶことはできない。農業と自然をこれ以上遠ざけるのではなく、同じ場所に戻さなければいけないのだ。

イングランドの人口密度は一平方キロメートル当たり四〇〇人強で、五六〇〇万の人々が一日三度の食事を必要としている。イングランドの土地の大部分はすでに耕作されており、これからも耕作されつづけると考えるのが現実的だろう。だからこそ、私たちの生態系についての最大かつ重要な課題は、生産性の高い農場を自然にとってよりよい場所にするにはどうすればいいのかということになる。過去を帳消しにするのは無理だとしても、すべてのファーマーは現在の状況から努力を続け、はるかに優れた環境を作る手助けをすることができる。答えのいくつかは過去に隠れている――新しいテクノロジーを使ってズルできるようになる以前、人々はどのように農業を営んでいたのか? さらに多くの解決策を実現するためには、科学にもとづいた新しい方法が必要になる(たとえば、土壌の健康状態を分析し、どのような放牧方法がより効果的かを研究し、再構築するべき生息地や自然のプロセスについて生態学者から学ぶ)。土地を耕しつつも、同時に健全な土壌、河川、湿地、森林、茂みを保つことはできるはずだ。野生の草花が咲き乱れ、昆虫、蝶、鳥が群がる土地を保つこともできる。そう強く望み、法整備と予算分配への道を切り拓かなければいけない。その実現のためには、ここ数十年にわたって農業と食糧政策を推し進めてきた「安価な食糧」という教義から抜けだす必要がある。新しいテクノロジーや新しいイデオロギーを鵜呑みにするのをやめ、代わりにより単純な古い技術や考えに眼を向けることが大切になるかもしれない。たとえば、質の高い輪作にもとづく混合農業、賢明な土地管理などがより重要になる。優れた田園風景を作りだすための最善の方法のひとつは、ファーマーや田舎の住民たちを結集させ、土地管理についての古い文化の残滓《ざんし》を磨き上げ、土地にたいする彼らの愛と誇りをうまく利用することだ。そうやって私たちは、新しいイングランドのパストラルを作り上げることができる。それは理想郷《ユートピア》ではなく、全員にとってまともな場所だ。

＊

死ぬまえの数週間、父は私といっしょに農場じゅうを移動してまわり、最期の日が訪れたあとに起きることについて包み隠さずに話すのを好んだ。じつに不穏なことに、このシナリオのなかでは私の立場が昇格され、父はもはや重要人物ではなくなった。父という存在は過去形になった。私は、彼がそんなふうに喋るのを止めようとした。私の頭のなかでは農場はまだ〝父のもの〟だったし、まだ死なない可能性があると信じたかった。ところが父は、自分の役割はもう終わり、バトンをまえへと運び、それを引き継いだことをはっきりさせた。引き継ぐことは悲しみでも終焉でも敗北でもなく、父に大きな慰めを与えるものであり、自分がやろうとしていたことをやり遂げたと彼は感じているようだった。

その数カ月まえ、もはや回復の見込みがなく、わずか数週間後に死ぬかもしれないとわかったときに父は、残りの日々をどのように過ごすか選択を迫られた。母に何をしたいのかと尋ねられたとき、父の出した答えは単純なものだった（まさに予想どおりだった）。彼は農場に戻り、できるだけ長くふだんどおり生活を続けることを望んだ。実際に書くわけでも口に出して説明するわけでもなく父は、農場でするべき仕事のリストを作った。それからゆっくりと、体力を徐々に失いつつもリストの仕事をこなしていった。

ある土曜日、父は私の長男アイザックと次女ビーを連れ、ゲートの修復に出かけた。「おまえがぜんぜん手をつけないからだ」と父は私に言った。ファームハウスの反対側の区画に立つそのゲートは、毎年夏に干し草のために刈り取る野草とソラマメが茂る草原と羊の放牧地のあいだにあった。ゲートの両側の古い石垣はコケと地衣類で覆われ、光の加減や時間によって緑、黄、紫、銀に輝く。何世紀ものあいだに古い石垣は自重で少しずつ地面に沈み込み、なかには一五センチほど沈んでいる場所もあった。さらに左右にたわみ、凸凹になり、解けた靴紐のようにわずかに曲がっている。風の通り道となる側の石垣の下には、昨秋に吹き寄せられた赤みがかった青銅色のブナの葉が堆積しており、風に吹かれて砕け、プラスティックの硬い容器のように靴の下でパリパリと音を立てた。

七歳の息子アイザックはいま、それを「おじいちゃんのゲート」と呼んでいる。お姉ちゃんとおじいちゃんといっしょに直したんだ、と息子はよく私に言う。彼の祖父は、壊れたふたつのゲートをつなぎ合わせて再利用し、新しいひとつのゲートを作った。以前、そのゲートのひとつを粉々にしてしまったのは私の妻だった。学校に子どもたちを送り届ける途中、しっかりとうしろを確認せずに農場からバックで車を出したときだった。後部座席で喧嘩する子どもたちに気を取られているあいだに、半分しか開いていないゲートにぶつかって吹き飛ばしてしまったのだ。修復されてできあがったゲートは少し奇妙な見かけではあるが、完璧に機能する。私は毎日のようにこのゲートを通り抜ける。その動きはじつにスムーズだ。修復された日は雨だったものの、誰もそんなことは気にしていないように見えた。戻ってきたときには体じゅうびしょ濡れだったが、みんな笑みを浮かべ、いっしょにやり遂げたことについて誇らしげだった。父さんは、私の子どもたちに教えることがもはや叶わない一〇〇万の物事があるとわかっていた。「そうなっていたかもしれないこと」のほとんどはもう起きない、と。しかしその日の父は、壊れたものから新しいものを作ることができると農場の少年少女に示したのだった。

＊

父の死後、もっとも単純な真実を理解するのに二、三年かかった——私は父の後を引き継いだにすぎない。前任者と後任者のあいだには、つかの間の瞬間しかなかった。私はいま、家族の農場を形づくる決定を下す立場にある。けれど私の選択は、この地に最初に定住したファーマーとほぼ同じくらい大きな制約を受けるものだ。この土地ならではの起伏に富んだ地形、緯度、標高、土壌、（メキシコ湾流の影響による）温暖な気候、生育期によって、採用するべき農法の多くが決まる。このような湖水地方のフェル農場は、古くからずっと主として家畜の放牧農場として利用されてきた。ここは、イギリスのおよそ四分の三を占める、作物の栽培には適していない土地の一部だ。それでも支払うべき請求書、借金、家族と共同体への義務がある私たちは、土地から何かを作りだして売らなければいけない。

わが家の農場はいまもなお、この牧草地で繰り返し行なわれる家畜の飼育と販売に関連する重労働によって支えられている。つぎに引き継ぐときが訪れるまで、私たちは土地と自分自身の生活を維持しなければいけない。将来的に子どもの誰かがこの農場を引き継ぐことを望むのか、あるいは誰かにそんなことをする余裕があるのか、私にはまったくわからない。人生は複雑であり、彼らにどんな未来が待ち受けているのかを予測するのはむずかしい。ただ願うのは、子どもたちが幼いうちに農耕牧畜についてできるかぎり多くのことを学び、自然界への敬意と愛に満ちた人間へと成長することだ。子ども時代を過ごす場所としては、この渓谷は天からの贈り物だといっていい。子どもたちは野生児のように野原を駆けまわり、森やベックで遊ぶことができる。

私たちはただ、いつの日か子どものひとりかふたりが農場を継ぐものだと想定しながらファーミングを続け、近い将来に実際にそうなるのかどうかを見守ることしかできない。いまのところは毎日朝起きて、やれることを精一杯するだけだ。

*

未明、眠れずにベッドに横たわる私の頭のなかを、回転を上げるエンジンのようにいろいろな考えが駆けめぐる。農場は私の思考を決断と選択で埋め尽くし、ほかのすべてのものを締めだしてしまう。私は心配事、失敗、借金の塊になる。眠るときも窓を開けたままにしてあるので、夜の音が聞こえてくる。フクロウのシューッという鳴き声、ナナカマドの木に吹きつける風、上空を過ぎるガンが互いに呼びかける声。朝日がいっせいに部屋に射し込み、頭上の光沢のあるオーク材の梁を照らし、漆喰の天井に三角形の影を作る。室内はそのとき、黄金色のハチミツの瓶をとおした陽光のごとき輝きに満たされる。

私は階下に降りる。夜明けとともに出かけるとき、息子のアイザックがもじゃもじゃ頭で寝ぼけ眼《まなこ》のまま、身繕いもそこそこについてくることもある。しかし、今日は眠ったままだ。その日はまず、出産予定の牛の様子をたしかめにいかなければいけなかった。雌牛の骨盤の靭帯は昨晩のうちにすでに緩まり（開き）、いまにも出産しそうな気配があった。玄関を出た私は、青緑の木々を縁取る淡い空をまえに姿勢を正し、夜明けまえの冷気のなかへと出発する。

六歳ごろの私は、『長靴をはいた猫』の飛びだす絵本が大好きだった。本を開くと、三、四枚のボール紙に描かれた木々や山がページ上に立ち上がった。ファームハウスからパターデールのほうに広がる空模様を見るたび、私はその絵本を思いだす。上空の青は、五月下旬の晴れた朝を約束してくれる。納屋に向かって丘を登りながら私は、窪みにひそむ白い霧の塊を見下ろす。フェルに囲まれた乳白色の雲海だ。そんな朝には、より寒い麓からフェルの斜面を登るにつれ、空気の暖かさが頬へと伝わってくる。農場がふたたび朝の光に包まれると、それから起きることを待って私はそっと息を殺す。眼下の霧が消えはじめる。納屋のそばに立つオークの木々の上部の枝が夜明けのなかで震え、フェルの頂上がオレンジ色に輝きだす。

＊

私たちはむかしからいつも、夜明けとともに家畜の世話に出かけた。それは、農場を見てまわり、牛や羊に何も問題がないかをたしかめるという意味だ。そのような「ストックマンシップ」は、私たちが何者であるかの核となる一部であり、これまでと同じように不可欠なものでありつづけている。しかし、私の朝の動物の見まわりはいまや、農場の土地と渓谷をつぶさに調べることにまで範囲が広がるようになった。そうやって敷地とまわりの自然の真実を見抜き、効果的に保護する方法を見いだそうとしているのだ。私はいま、以前は当たりまえだと考えられていたこと、あるいは無視されてきたことを理解しようとしている——生きている土壌についてだ。野生の草花の幅と多様性、牧草地の横の森、放牧をとおして、私たちは可能なかぎり光合成を活用できているだろうか？

五年以上まえからわが家の農場では人工肥料を使用しておらず、健康な土と陽光だけに頼っている。私たちはいま、数多くの小さな方法をとおして農場を変えようとしている。ベック沿いに新しい生息地を作り、より多種多様な花が咲くように沼地と放牧地を回復させ、過去一〇〇年のあいだに失われた種の植物をふたたび実らせることによって牧草地を復活させ、より多くの木々や生け垣を植えている。そのあいだに私は、眼には見えにくいけれど必要不可欠なこと、子どものころには考えもしなかったことに気を配るようになった。蛾、ミミズ、コガネムシ、コウモリ、ハエ、小川の岩の下に蠢く生命体……。

ふたつさきの野原では、暖かさを増す空気に向かってダイシャクシギが上昇し、フェルの森の木陰で一羽のカッコウが優美な鳴き声をあげる。カッコウ、カッコウ、カッコウ。麓に近い〈ボールド・ハウ〉の家々の脇に立つカエデの木にとまるミヤマガラスは、互いにカアカアと怒りっぽく鳴く。夜が明けつつある農場のどこかで、ニシコクマルガラスがカタカタとうるさく鳴いている。牧羊犬のタンとともに納屋から大股で牧草地を下のほうに二〇歩進むだけで、朝日のまだ届いていない冷たい影のなかへとふたたび戻る。この青灰色の谷底に陽光が入り込むまでには、まだ一時間ほどかかる。タンの濡れた体じゅうに、白い草の種と黄色い花びらがついている。ボタンを留めていない私の首元に寒さが襲いかかり、肌を震わせる。革のブーツはすでにずぶ濡れだ。

太陽の光がオレンジ、レモン、白のはっきりとした線となり、南東にあるフェルの頂へと迫ろうとしている。しかし、新しい光がまだ届いていないこの場所に咲く繊細な花々は、寒さに抗うべく握りしめられた小さな拳のように固く閉じられたままだ。キンポウゲは夜に屈して頭《こうべ》を垂らし、タンポポは夜露に濡れている。私たちが牧草地を横切ると、どこかに隠れていた雌ノロジカが子ジカとともにひょっこり姿を現わし、畑の境界線のほうへと駆けていく。こちらに警戒し、親ジカは幼い子どもに磁石のようにぴったりとくっついている。隣の牧草地では、生まれたばかりの子牛を抱えるように母親が寝そべり、草を反芻する。そのきらきらと光る乳首にはしっかりと吸われた形跡があった。私の心配が杞憂だと気づいているかのように、牛はこちらに微笑む。近づこうとすると、彼女は小さく鼻を鳴らして首を振り、あなたの干渉など不必要で役に立たないものだと教えてくれる。私はうしろに下がる。

＊

私は生まれてからずっとこの地で働いてきたが、土地についてほんとうの意味で知りはじめたのはごく最近になってからのことだ。一日のあいだの異なる時間に、あるいは異なる光のなかで土地と向き合うたび、その場所をはじめて見るかのような感覚に包まれる。たしかに、過去とはちがう景色に見えた。くわしく知れば知るほど、農場と渓谷はますます美しくなっていく。少し離れるだけでも胸が痛み、この場所とその絶え間ない活動からいっときたりとも引き離されたくなくなる。そして長く住めば住むほど、この渓谷の音楽もよりはっきりと聞こえてくる。下生えのなかの雌のミソサザイ、風に軋んでうなるアカマツ、サラサラと鳴る牧草。自分自身と土地の区別はあいまいになり、私はその一部になる。この土のなかへと私が入るとき、それは〝還る〟ことについての長い生涯の物語の終わりを意味する。主語としての「私」も目的語としての「私」も徐々に消え、日を追うごとに浸食されていき、やがて自分が何者なのか、なぜ自分が重要なのかを思いだすのも苦労するようになる。現代社会では自己や個人という考えが崇拝されるが、それは贅沢でありながら自由のない金の鳥籠でしかない。土地に根づいた素朴な生活に没頭することには、異なる種類の自由がある。騒がしい時代のなかでは、静かな生活を送ろうと努めることに価値があるのかもしれない、と私はふと思う。

*

一対のワタリガラスが、ガタガタとうるさく鳴きながら薄明かりの空を飛んでいく。羽ばたきするたびに空気が擦れ、ぜいぜいと息を切らす老人の呼吸のような音が響き渡る。私が石垣を越えて牧草地に向かって斜面を登っていくと、カラスはこちらを見やり、警告するように鳴き、すぐに姿を消す。農場のこの区画は、冬のあいだは特別な場所にはまったく見えず、数キロ離れた低地にある集約的な農地と見かけはそれほど変わらない。ところが三週間まえ、干し草を育てるために放牧中の家畜を移動させると、そこは驚くべき不揃いの美しさをもつ場所になった。一〇〇種類以上の異なる植物が互いに競うように空へと伸び、花を咲かせ、それから実をこぼすと、さまざまな色合いと段階をとおして毎日その景色がちがって見えた。

牧草地の端にある柵を私はよじ登り、ベック沿いの〝風光明媚なルート〟を通って家に戻る。羊が水を飲みに集まる砂州にいた二羽のマガモが、私の登場に驚いてそそくさと空に飛び立つ。その奥のほうでは、生まれたての牛が群れの仲間に向かって鳴き、仲間たちが返答する。

柵で区切られ、ほとんど放牧にも使われていないこれらの土地を、私はかつて無駄なものだと考えていた。しかしその場所は、自然を理解するための教室になった。より野生に近い植物が時間とともにどのように成長するのか？　人工的な障害物がないとき、川はどのように変化するのか？　木々はどのように育ち、老い、枯れ、腐って土に還るのか？　一〇年まえまでの私たちの農場には、そんな場所はなかった。そのような土地がいま存在するのは、ルーシーという名の若い女性のおかげだ。彼女は、この土地の良き管理者になるということの意味にたいする父と私の見方を変えた。

＊

ルーシーは、農場の川について話し合うために農場を訪ねてきた。彼女は「水道局」の職員だと父さんは言ったが、そうではなかった。当時のわが家では、川や水に関係するすべての人は「水道局」から来たと表現され、少しばかり軽蔑されていた。実際のところ彼女は、地元の河川保護団体の職員だった。私たちは、農場のキャラバン（トレーラーハウス）で彼女の話を聞いた。祖父の納屋を住宅に改造するまでのあいだ仮設の家屋として使っていたもので、父さんは道路脇に置かれたこのキャラバンをかなり気に入っていた。私たち夫婦が維持費用を払っているにもかかわらず、父はそれを「自分のキャラバン」と呼び、友人たちを招待してはコーヒーやビールを飲みながら会話を愉しんだ。彼らはそのキャラバンを「マターデール・ソーシャル・クラブ」と呼んだ。

そのころ、ヘレンと私はカーライルに住んでいた。かつて紡績工場などがあった工業地区に建つ赤レンガのそのテラスハウスは、当時の私たちが家賃を支払うことのできる唯一の家だった。毎日、私は車で農場に戻って働いた。その年、カーライルの街は壊滅的な洪水に見舞われ、自宅の玄関からあと数メートルのところまで水が迫ってきた。泥水に襲われ、何百人もの住民が避難を余儀なくされた。水が引くと、濡れて汚臭を放つ家財が表に放りだされ、道路に積み上げられていった。大画面テレビ、絨毯、椅子、ＤＶＤ、ダイニング・セット、ラグ、子どものおもちゃ。さまざまなものが戸口や窓から投げだされ、コンテナに入れられた。この洪水がどのように発生したのか、どんな対策をとることができるのか人々は話し合った。川の三、四〇キロ上流にあるわが家の農場は、広大な分水界のほんの小さな一部を占めていた。おそらく、それこそがルーシーがやってきた理由だった。土地を調べ、水の流れの一部を減速させて洪水を防ぐ方法について調査するプロセスの一環として、彼女はわが家を訪れることにしたのだろう。

ガスストーブをつけたキャラバンの室内の椅子に坐り、彼女がやってきて農場の川について話すのを待った。きっと叱りつけにやってくるにちがいない、話半分に聞いておいたほうがいい、と父さんは冗談まじりに言った。そうでないとすれば、犯したこともまだ気づいていない罪のために、おれたちを捕まえにやってくるのかもしれない。

部屋に来た彼女は、勇敢にもマグカップの紅茶を口にした。父は台所の清潔さに気を配るタイプではなく、マグカップはひどく汚れていた。彼はよく、茶渋がついたカップをどう見ても怪しげな水で洗い流した。ルーシーは拍子抜けするほどふつうで、感じが良く、どこまでも平然としていた。その態度から、私たちを捕まえたり叱ったりするために来たのではないことが伝わってきた。一連の社交辞令を交わしたところでちょうど雨が止んだので、いっしょに農場を歩いてまわることができた。彼女は、多くの川がいかに不自然な状態であり、どんな対策が必要なのかを説明した。偉そうにすることも知ったかぶりをすることもなく、農場の小川について良い点とそれほど良くない点を教えてくれた。私たちは農場のベックの存在についてはむかしから知っていたものの、ほとんど気にかけたことがなかった。聞けば、それらのベックは実際のところ一九世紀のあいだにたびたび人間の手によってまっすぐにされ、浚渫《しゅんせつ》されたものだという。要は人工的に造られた排水溝であり、サケやマスの生息地としては過度にまっすぐで、深く、管理されすぎていた。健全な小川には、流れが遅いところと速いところ、幅が広いところと狭いところ、浅瀬と深い淀み、魚の産卵場所となる砂利や沈泥の堆積が必要だとルーシーは説明した。その言葉には批判や非難のニュアンスはいっさい含まれていなかった。彼女はただ率直に語り、父と私はその話に聞き入った。それまで、そんなことを私たちにわざわざ説明してくれる人など誰もいなかった。どれもうなずける話ばかりだった。

農場から下流への水の「流れを遅くする」ために、できることはたくさんあるとルーシーは言った。川をより自然な姿に戻し、人間による操作を減らし、くねくねと蛇行しながら進む空間を与え、多くの古木を含む木々で土手を覆い、魚やほかの生物にとってより健全な場所にする必要があった。適切な場所に木を植えれば、洪水の勢いを弱め、地表への流出を防ぎ、代わりに水を地中に染み込ませることができると彼女は言った。茂み、健康的なコケ、泥炭沼で〝痛めつけられた〟フェルや荒地《ムーア》は、巨大なスポンジのような役割を果たすことができるという。くわえて、牧草地の健康な土壌は、押し固められて枯れた土よりも水を溜め込むことができる。これらの計画が実現し、より自然な川の生息地を作りだすことができれば、私たちの農場の景観全体に大きな変化がもたらされるとルーシーは言った。そのような変化をどこでも簡単に実現できると考えるのは、おそらく非現実的なことだったにちがいない。しかしわが家の農場のような土地を含め、実現できそうな場所はたくさんあった。彼女は、私たちの農場運営の方法について数多くの鋭い質問を投げかけた。団体の支援があれば、農場の運営方針をどのように変えることができるのかルーシーは事細かく説明した。それは絵空事などではなかった。彼女が所属する団体には潤沢な資金があった。もし協力すれば、私たちは団体から資金提供を受けることができた。

　まわりの多くのファーマーと同じように私たちも、農場の土地が大きく変わってしまったことからそれまで眼を逸らしていたのかもしれない。おじいちゃんの愛した古いフェル農場でさえ、時《とき》とともに変化していった。渓谷の向こう側にある大きく改良された土地ほど変化は劇的ではなかったにしろ、たしかに同じ力がすべてを食い尽くそうとしていた。わが家の農場の小さな区画のあいだにある古い生け垣は草が伸び放題で、柵は錆び、支柱は腐っていた。それを修理や交換する余裕はなく、小さな区画はより大きな区画へと融合され、どこも同じように管理され、しばしば羊によって草が根こそぎにされてしまった。

　ルーシーが資金提供をとおして実現を目指したのは、古い区画の境界線をもとに戻し、さらに新しい境界線をいくつも作り、農場をかつてのような小さな区画のキルトに戻すことだった。しかし彼女は同時に、川岸、沼地、林を柵で囲い、ときおり軽放牧区として利用するというこれまでとは異なる管理方法を望んだ。生け垣をさらに広げ、何千本もの木を植えるべきだと彼女は主張した。

ルーシーと一時間ほどいっしょに過ごしたあと、何か妙なことが起きているような感覚に襲われた。考えてみれば、私の家族はそのような会話を真剣にしたことがなかった。私たちはいつも、干渉してくる部外者に疑いの眼を向けた。ところが、今日の父さんはなぜか乗り気だった。話し合いの雰囲気は建設的で、敬意に満ちたものだった。川と魚にとってよりよい渓谷を作るというルーシーの構想は、古い農耕牧畜による景観のほうがずっと優れていたという私たち親子の考えと大きく重なるものだった。彼女の計画は、新しい住居のまわりにかつての区画のパターンをふたたび作りだし、失われかけていたフェル農場の回復をうながすものだった。彼女が望むものを与えれば、たくさんの新しい柵が半額で手に入ることになる。ルーシーの話に耳を傾けた理由には、利己的な部分も多々あった。正直なところ私たちは、柵のなかで起きる可能性があることよりも、半額の柵のほうにより興味を惹かれていた。

すべての話を聞いた父は、なんとも驚いたことに最終的な判断を私に委ねた。「ここは息子の農場になる。息子が決めればいい」。しばらくして私は心を決め、ルーシーの計画に参加する承諾を父に求めた。農場の性質をがらりと変え、ベックを柵で囲い、木々を植え、一キロ半におよぶ新しい生け垣や区画を作りたい、と言った私に父はこう応えた。「計画をどんどん進めたほうがいい。新しい柵の費用を自分でまかなえる資金源があるなら話はべつだがな」。数週間後、冬の真っただなかにポーランド人の男たちの一団がやってくると、私たち家族がルーシーと合意した計画に沿って農場を改造しはじめた。雪のなかでせっせと働くポーランド人たちの勤勉さに、父はおおいに感銘を受けた。

＊

振り返ってみれば、農場のベックを柵で囲うよう私たちを説得したとき、ルーシーはじつに賢い手を使った。さらにいえば、そのような変更を黙って許した父が果たした役割も小さくはなかった。ルーシーはそれらの土地を取り上げたわけでも、土地にたいする私たちの責任を終わらせたわけでもなかった。彼女はただ、これまでとは異なる一連のルールによる管理をわが家に託した。私たちははじめて、ファーミング以外の目的のために土地の一部を管理することになった。これらの区画はほぼ完全に自然の状態に戻され、そのまま放置されることになった。当時は気づかなかったものの、ルーシーと父は、私を半野生の空間の保護者に変えた。それはファーマーにとって大きな変化であり、はじめは簡単なものではなかったが、長い目で見ると革命的な変化だった。ここ数世代のあいだ、自分たちで土地を〝改悪〟したのははじめてのことだったにちがいない。このはじめのステップは、農場だけでなく私も変えた。いったん動きはじめると、そのさきのステップはだんだん容易になっていった。

＊

ポーランド人の労働者たちが川岸に柵をめぐらすとすぐに、草がかつてないほど荒々しく育ち、ハタネズミが爆発的に増えた。ハタネズミは草の茂みのあいだを駆けまわり、木の根から岩へと移動した。数週のうちに、それまで何年も眼にすることのなかったメンフクロウが農場に戻ってきて、ハタネズミをむしゃむしゃと貪るようになった。家族の誰もがフクロウが戻ってきたことを誇りに感じ、早くも苦労が報われたような気分になった。それは私たちが何者であるかを感じさせる出来事であり、祖父がきっと高く評価することだった。

その後、より野生の植物が根を下ろしはじめたが、実際に成長するまでには長い時間がかかり、その成果は眼には見えにくいものだった。はじめの三、四年のあいだ、川沿いの土手では強くごわごわとした草が急成長し、より小さく繊細な花を咲かせる植物を押し殺してしまった。しばらくのあいだ植物多様性は低下した。しかし四、五年目になると、紫と黄の花が草の上へと伸び、突如としていたるところで咲き乱れるようになった。夏の太陽が沈むころには、昆虫、蝶、ハチたちが黄金色の霞《かすみ》になって野生の区画の上をすいすい飛び交った。数々の小さなベックは、人間の手を少しだけ借りつつ本来の空間をゆっくりと見つけはじめた。一九世紀から二〇世紀にかけて課せられた拘束を打ち破った水路は、床に投げだされたスパゲッティーのごとくくねくねと曲がってねじれた。小さなヤナギやハンノキが土手に自生するようになり、そのうしろに小さな砂《さ》礫《れき》層ができていった。最初はごく小さな層だったものがすぐに大きくなり、ベックの水の流れを変えはじめた。若木のうしろで水の流れが弱まると、より細かな砂利が川底に落ち、そこで魚が産卵するようになった。

＊

川岸はいま、野生生物のための賑やかな幹線道路になっている。紫、黄、ピンクの花が咲きこぼれ、たくさんの蛾、蝶、オコジョがやってきて、野ウサギ、アナグマ、キツネが通って凹んだ小道がいくつもある。いまでは二匹の子どもを連れたカワウソも、この前途有望な領域の一部に棲みついている。私は鳥の囀《さえず》りに包まれる。ズアオアトリ、クロウタドリ、ツグミ、ムシクイ、アオガラ、ヒガラ。モリバトがクークー鳴く。朝食のために家のそばに戻ると、子連れのノロジカが勢いよく走りだし、ファームハウスの向こう側の丘を登っていく。ノロジカは、牧草地から奥の森へと向かうときにいつもこのルートを使う。

＊

私が一〇歳のとき、祖父は「木を植えろ」と言った。知るかぎり祖父は一本も木を植えたことがなかったので、少しばかり不可解な指示だった。思うに、祖父にとってそれは、やるべきだと自身でわかっていたことのひとつだったのだろう。彼はアカマツについて愛情いっぱいに話した。一九四〇年代に借り農場を引き継いだとき、スタック・ヤードにそびえるように生えていた木だ。しかし私が知るのは、その腐った切り株だけだった。そこでプラスティック製のおもちゃの兵隊と遊んでいるあいだ、誤って木の一部を折ってしまうと、腐った木のなかから這いでてきたアカアリに嚙まれた。しかし、何年ものあいだ祖父の言葉は頭のなかでこだまし、私の背中を押しつづけた。

＊

去年の三月、羊の出産シーズンまえの穏やかな曇った土曜日、子どもたちを集め、柵に囲まれた農場の野生エリアに出かけた。小さなオークの苗木が麻袋からちょこんと顔をだし、芽が伸びはじめていたため、それを地面に植える必要があった。鋤を芝地に差し込み、根を入れる隙間を作り、高さ四五センチの苗木を地面の隙間にそっと埋め、ブーツの踵《かかと》とつま先でまわりの芝と土を押し固めた。長女のモリーは、木の保護材と杭を運んできた。彼女はそれぞれの苗木を保護材で守り、シカに食べられないようにした。モリーはベックを飛び越えてぶらぶら歩きまわり、小さな魚が影のほうに突進するのを見やった。アイザックは腕いっぱいに苗木を抱え、長い草の茂みのなかをとことこ進んでいった。おじいちゃんになったらここに戻ってきて、木が「ちゃんと育っているかどうか」たしかめてみる、と彼は言った。アイザックは、この一連の作業について何か疑いを抱いているようだった。

ベックの向こう側にいる私の母は、ハシバミとサンザシの苗木の束を解いていた。髪はみるみる白くなり、以前ほどの体力もなくなったものの、できる範囲で農場の軽作業を手伝うのが母は大好きだった。農場にいると父が近くにいて、いまでもいっしょに働いているかのように感じられるのだという。父の遺灰は、渓谷の高台にある〈ホース・パスチャー〉と呼ばれる区画に撒かれた。そこから「私たちを見守ってほしい」というのが家族の願いだった。悲しみに打ちひしがれたとき、母にとって、農場に来て父がかつてやっていた作業をすることが慰めになるようだった。この農場の記憶そのものとなった母の姿を眺めていると、父のこんな行動をふと思いだした。生け垣を修繕するときに父はいつも、まっすぐな幹の小さなオークやナナカマドの木を九〜一二メートルおきに残した。それらの木は、生け垣の残りの部分を突き抜けて上へと成長した。昨年、三〇年にわたってほったらかしにされたこれらの生け垣の一部を伝統的な方法で造りなおした。中くらいの大きさまで成長してそこに残っていた木は、父が三〇年まえに残しておいたものだった。それらの木々は生け垣の上に堂々とそびえ立ち、葉っぱがまわりの木の葉と触れ合うほど樹冠は波打つように大きく広がっていた。

＊

小さな森林地帯の回廊を登りきると、何千年もまえに氷河によって運ばれてきた巨礫〈裂けた石《クロウヴン・ストーン》〉の横を通り、自宅に続く木製ゲートを抜けていく。渓谷はいま、太陽によって半分に区分けされている。農場のうしろ側の南向きのフェルの斜面では、新しい陽の光がちらちらと揺れている。一匹の野ウサギが、ベックの向こうの牧草地を飛び跳ねて進んでいく。移動遊園地の群衆の頭越しに見える回転木馬のように、ウサギの体は上下し、草の上で跳ねるたびに体の上半分が現われては消える。それからウサギは立ち止まり、私が通り過ぎるのを見やる。うしろのほうにひょいと動く両の耳は、草から飛びだした大文字のＫのように見える。

＊

ファームハウスに戻ると、小さな男の子が窓から外をのぞいている。モップみたいなブロンドの髪をたなびかせ、何かを期待するようないたずらっぽい笑みを浮かべる、がっしりとした体つきの幼い息子だ。末っ子のトムはまだ二歳になっていない。祖父から名前を受け継いだ彼は、祖父と同じくらい頑固で、同じくらい農場に魅了されているように見える。トムは顔をガラスに押しつけ、外の様子に心を奪われる。まだ生後数カ月の赤ん坊のころから彼は窓際に坐り、庭の雌鶏を眺め、鳥の餌の木の実を盗むキタリスを眼で追い、反対側の丘の斜面にいる羊に向かって「メー」と大声で叫んだ。羊と牛の餌やりに連れていくのを忘れると、トムはひどく腹を立てる。家に置いてけぼりにされた彼は、頬に涙を流してドアのまえに立ち尽くす。あるいは、怒りにまかせて庭のゲートを激しく揺らし、どうしてそんなひどい仕打ちをするのかと抗議する。家と庭の向こう側にある何かが、彼を呼んでいるのだ。トムはよく私についてくるが、仕事中に息子の身に危険なことが起きないよう、母親もときどきいっしょにやってくる。つなぎの防寒具をまとい、手袋をはめたトムはどんな悪天候もおかまいなしだ。四輪バギーに乗るとオーバーオールがずぶ濡れになり、小さな頬は冷たく赤くなることもあるが、何が起ころうとも農場に行くという強い意志が彼にはあった。

干し草を食べさせるために羊の群れに向かって私が叫ぶと、トムも叫ぶ。私が牧羊犬に大声で命令を叫ぶと、彼も真似して声をかぎりに叫ぶ——「タン、伏せ！」。犬たちに顔をべろべろと舐められると、トムはなんとかそれを振り払おうとする。羊の群れの様子をたしかめ、牛に餌を与えたあと、私たちは家に戻る。私が両手でトムを抱えて四輪バギーから降ろそうとすると、明日の出来事を見逃すくらいなら雨のなか一晩じゅうここに坐って待つほうがいいとでも言わんばかりに彼は首を振る。だからその日、私はファームハウスに入るなりトムをさっと抱き上げ、ごめんねと謝る。あとで、生まれたばかりの子牛をいっしょに見にいこう。朝食のあいだ私は、その日の出来事についてトムにすべて報告しなければいけない。しかし、私の話にドラゴンが出てくると、彼は疑り深い眼を向けてくる。

＊

朝食を終えると、私はタンともう一匹の犬フロスを連れ、ファームハウス横の樹木が茂る渓谷《ギル》を登っていく。ベック脇の丘の斜面を切り開くように続くこの巨大なV字型の渓谷は、わが家の農場の低地ともっとも標高の高い区画をつないでいる。嵐が来ると、小川がうなりをあげながら転げ落ちるように自宅の横を流れていく。冬になると、猛烈な風がフェルから吹きつけ、押し寄せる波のごとく屋根に襲いかかり、スレートを吹き飛ばそうとする。その下で私たちは、岩にしがみつくフジツボのように身をかがめる。ギルは全長四〇〇メートルほどで、いちばん高低差の激しいところで約二〇メートルの深さがある。一世紀以上まえに見知らぬ誰かが植えたトウヒの木々が渓谷の底から伸び、その常緑樹の枝があたりを覆い尽くす。高台に行くと、これらの巨木の樹冠を見下ろすことができる。そのうち一本の木には、ノスリが枝で作った子ども用ベッドほどの大きさの巣がある。倒れたり、嵐で吹き飛ばされたりすると、木々はギルの反対側の土手にぶつかる。それが苔むした空中の遊歩道となり、キタリスが滑らかに歩いていく。私はその下をくぐり抜け、犬たちといっしょに斜面を登っていく。これらのギルは、高地にある野生に近い森林地帯から谷底まで、わが家の農場を貫いて伸びる重要なリボンだ。ねじれて折れた古木が、この場所を支配しているように見える。アイザックは、トールキンの本に出てくる「エント」（『指輪物語』などに登場する、樹木の巨人のような外見の種族）のように、自分たちが見ていないときにこの木々は生き生きと活動しているにちがいないと言う。もつれ合った根がところどころで地面から浮き上がっており、私がつまずいて転ぶと、ネズミやその天敵であるオコジョが四方八方に逃げていく。頂上にたどり着いて陽光のなかに入ると、どこかから支柱用ハンマーが打ち下ろされる音が聞こえてくる。フェルじゅうに、木が打ちつけられる音が響き渡る。

*

私はゲートを抜け、農場でいちばん標高の高い〈ニュー・フィールド〉に入る。そこは痩せた土地で、三分の二は急勾配の南向きの草むした土手、三分の一は沼地だ。ちょうど売りに出されていたその土地を購入したのは、父が死んでから数カ月後のことだった。価格は安かったが、そこにはきちんとした理由があった。牛や羊の粗放牧にしか適しておらず、わが家の農場の上の小道のさきの孤立した場所にあるため、私たち以外の人々にはほとんど使い道がなかった。夏になるとその土手には、花を咲かせる草、ピグナット、赤と白のクローバー、キランソウ、キンポウゲ、ワスレナグサ、カウスリップ、ソラマメ、ラン、棘のあるアザミが咲き誇る。これらの野草を保護するために、いつ、どのように放牧するべきか環境計画の一連の規則が定められており、それを守るのが土地購入の条件だった。麓にある沼地はひどく水浸しで、その上に立つことはほぼできない。芝がぎりぎり浮いてはいるものの、カスタードの表面の厚い皮のように脆い。まわりの高い土地からこの盆地につねに水が流れ込むが、水にはほとんど逃げ場所がなく、よって沼底はいつも濡れ、イグサや長い草だらけの泥炭の茂みができあがる。ブルヘッドと呼ばれる小さな魚たちが、私が作った影から飛びでて、数メートルさきの水草のなかへと潜っていく。

この土地のまわりの柵は購入まえにほとんどが造りなおされていたものの、設置業者が足を濡らすのを嫌ったのか、沼地を横切る柵は倒れたまま置き去りにされていた。購入後にそこが自分たちの土地になると、私はべつの男たちを呼び、土地を保護するための新しい柵を造るよう依頼した。作業内容をたしかめ、料金を決めるために柵に沿って歩いていたとき、近くの農場の死んだ雌羊が沼地に埋まっているのを見つけた。その顔はアナグマに嚙まれていた。私はじつのところ、無理無理、自分で柵を作ってくれと若い作業員たちが言いだすのではないかとなかば覚悟していた。しかし彼らはその挑戦を歓迎し、いませっせと作業を続けている。その日の私は、問題が起きていないかたしかめにきたのだった。

六匹の牧羊犬が、草深い土手の陽だまりのなかでじゃれ合い、追いかけ合い、喧嘩をしている。肩幅の広い黒髪の若い男が、沼地を突っ切って私のほうに歩いてくる。剝きだしの日焼けした腕は汗に濡れている。彼は柵の支柱を肩に担いでイグサの茂みを抜け、仲間たちが作業をする場所へと運んでいく。空いたほうの手で、腕に嚙みついたアブを追い払う。長い草が生い茂ったこの湿地は、アブ（この地方では「クレッグ」と呼ばれる）が発生すると地獄に変わる。アブに血を吸われると、ひどく大きな水ぶくれができるのだ。何匹ものアブが彼のまわりを静かに飛びまわり、嚙みつくチャンスをうかがっている。私は膝まで水に浸かりながら男を追い、新たに埋められた柵の支柱の列のところまで歩いていく。彼に追いつくと、支柱用ハンマーを握るいちばん大きな体軀の作業員が、暗い水に腹まで浸かって作業しているのが見える。彼らは、長い支柱を地中深くの硬い土壌まで到達させ、ワイヤーの張力を利用して柵を固定する。黒髪の男は、農場の「ロニン」（小道《レーン》）に迷子の羊が何匹かいたと私に教えてくれる。二匹の雌羊と三匹の子羊がいたという。さらに、その隣の囲いにいる羊の一部がアブに襲われていたから、たしかめにいったほうがいいと彼は言う。

請負の建設作業がないとき、彼らはほかのファーマーのために自分の牧羊犬を連れてフェルに集まり、群れを麓に移動させる作業を請け負っている。あるいは、羊の毛を刈ることもあれば、自分の家族の農場で働くこともある。つまり、この地域の景観を作ってきた人々だ。足取りはどこか重そうだったが、彼らはいっしょに働くことを愉しんでいた。若者たちは、自分のガールフレンドについて、あるいはガールフレンドができないことについて、互いにからかいながら話す。ずぶ濡れになって作業をするもっとも体格のいい男は、仕事終わりに地元の町のケンタッキー・フライド・チキンに行こうとみんなを誘っているのだという。あいつはクソみたいなあのチキンが大好きなんだ、と仲間のひとりが私に言う。それから銀色の雨がどっと降りだし、何百万もの水銀の小粒のような雨が燦々と輝く陽光をとらえる。私たちはヤナギの木の下に避難する。雨粒が、オリーブ・グリーンの葉を激しくたたきつける。私たちは待つ。

青やエメラルドのトンボが、ナナカマドの木の広がった大枝の下を飛びまわっている。まるまるとした雨粒が沼地にしたたり落ちると、小さなさざ波が外側にうねるように広がっていく。水面の数センチ下で一匹のイモリが力なくじっと動かず、雨をものともせずに腕や指を広げながら私たちのほうを見つめる。通り雨が止む。若者たちは沼地のなかを歩き、支柱をまた打ちつける。誰か来る、とひとりが私に言って指を差す。アイザックが濡れた野原をこちらに向かって走ってくる。彼は花をかき分けるように駆け、横たわって草を反芻する羊の群れのあいだを通り抜けてくる。土手で待てと私は呼ばわり、息子のほうに近づいていく。フロスがはじめにたどり着くと、アイザックはその体を抱きしめる。私たちふたりと牧羊犬二匹は迷子の羊たちを探すべく、起伏が激しく曲がりくねった小道を進み、農場から遠くのフェルのほうに向かう。はぐれた羊を探すのはひどくやっかいな仕事ではあるものの、まだ遠くに逃げていないうちに捕まえておくのが無難だ。放っておくと、羊は村まで降りていき、家々の庭でもっと大きな問題を引き起こしてしまうのだ。

＊

ひとつ目の小丘のてっぺんにたどり着いたところで、逃げだした雌羊と子羊が小道に沿ってぞろぞろと歩いているのが見える。私はタンに先まわりするよう指示を出す。タンは弾丸のように轍《わだち》を疾走し、羊に追いつき、その横を通過する。すると羊は振り返り、私たちのほうに向かって走ってくる。アイザックが〈トップ・リグ〉のゲートを開き、フロスが群れを追い込むと、羊たちは区画のなかへと駆けていく。一匹の茶色い野ウサギが巣から追い立てられ、大急ぎで逃げだす。この広々とした草原は、野ウサギが大好きな場所だ。春になると、ウサギは日がな一日野原じゅうで追いかけっこに熱中し、それから後ろ足で立ってボクシングをする。ウサギはこの野原で出産し、イグサや草の茂みに隠れて子育てする。眼のまえのウサギたちはじっと坐り、大きなハシバミ色の眼で私たちが通り過ぎるのを見つめる。

ここまで高地に来ると土地はより拓け、あたりにはヒースの荒地ばかりが広がる。稜線を遮るのは、ところどころにあるサンザシの生け垣だけ。これらの区画は、数えきれないほどの歳月にわたって同じ方法で管理されてきた牧草地であり、作物の栽培には適していない。夏のあいだ、双子を育てる雌羊たちがこれらの区画で暮らすことになる。同じ期間、健康なひとりっ子を育てる雌羊はフェルに戻り、厳しい山の環境のなかで子育てをする。うしろのほうに何頭かの牛が集まり、隣の農場のゲートの上に頭を突きだす。その牛は友人のアランのものだ。彼は共同体の最年長者のひとりで、私の父と同じタイプの分別のある男だ。私たちはしばしば、羊の価格、天気、眼にした野生生物などについて柵越しに情報を交換する。物事がひどく変わってしまったことについて、アランは悲しんでいるように見える。若いころに比べて、羊の飼育から得られる稼ぎは(実質ベースで)四分の一になったと彼は指摘する。食べ物の価格をあまりに安くしたせいで、良質なファーミングの価値は失われてしまった。

だとしても、私たちをこの場所にとどめているのは動物であり、動物たちが生活を支える仕事と収入を生みだしていることに変わりはない。羊や牛から得られる収入は、(環境計画のなかでも可能なかぎり高度なレベルの活動に参加しているにもかかわらず)環境保全活動助成金《エンバイロメンタル・ペイメント》の二倍から三倍にのぼる。私たちの農場の子羊肉や牛肉は、効率の面ではほかの農場より劣るものの、野生の植物、昆虫、鳥、そのほかの動物にとって有益な方法で生産されている。しかし、その生産方法にしっかりと見合うだけのプラスの対価を与えてはくれない。安価な食糧生産を中心にすべてがまわるこの時代においては、そのような対価が与えられる見込みもない。肉とは本来、たとえ流通する量が減ることになったとしても尊重・評価されるべきものにもかかわらず、スーパーマーケットで売られる哀れなほど安い商品に成り代わってしまった。イギリス人の多くは、自分たちの土地のなかで持続可能な方法で生産できるものを食べる習慣(と調理方法)を忘れてしまった。フェルで繁殖の役割を終えた高齢の羊のマトン肉は、イギリスに中東系の共同体が存在しなければ、まったく市場に出まわることはない。ありがたいことに中東の人々にはいまも、マトン肉を調理して食べる習慣がある。このあたりの丘陵地帯の古参ファーマーたちは、イスラム教のイードの祝祭がいつはじまり、いつ終わるのかをきっちり把握している。彼らは、その祝宴に合わせて羊の販売のタイミングを決める。

＊

まだ若く、世界がどれほどめちゃくちゃで複雑な場所かをやっと理解しはじめたころの私は、そのすべてに背を向け、繭に包まれた虫のごとく農場に隠れて生活することができるのではないかと思案した。やがて、中途半端な気持ちのまま家を離れて大学に進学し、二〇代から三〇代にかけてその広い世界で生活するようになった。長時間にわたってパソコンのまえに坐り、ほかの人に指示されたことをした。そのとき私は、いつでも逃避できる場所があり、ほんものだと感じられる仕事に没頭する場所があることを愛するようになった。私が正気を保っていられたのは、実家の農場があったからだった。

「大地へ回帰」することを夢見るときに多くの人は、私と同じような現実逃避の空想を頭に描こうとする。人生のなかで何年ものあいだオフィスの小さな仕事スペースに閉じこもり、通勤のために混み合った電車に乗り、渋滞した道路で長い時間を過ごすことを余儀なくされると、農場での生活が自由なものに見えてくる。けれど私は次第に、ファーマーとして働くという現実は、世界からの逃避などではなく、往々にして世界にたいする奴隷になることだと考えるようになった。農場で起きるすべてのことは、その時代に影響を受け、多くの強力な外的要因によって形づくられる。私たちは操り人形のようにぶら下がり、見えない糸によって前後に引っぱられる。それらの糸はどこか眼に見えないところで、人々がどう買い物し、食事し、投票するかということにつながっている。その流れ自体はむかしから変わらない。ところがここ五〇年にわたって私たちは、スーパーマーケットや大企業がその糸を操ることを許してしまった。やがて多くのファーマーは低価格商品の生産者に成り代わり、交渉力をほとんどもたなくなった。私たちはいま、史上もっとも安価な食糧を生産しつつ、それが引き起こした生態系の大惨事に対処することに四苦八苦している。現在の食糧システムでは、市民、農場、生態系の健全さを一顧だにしない大企業に、ほぼすべての権力と利益が吸い取られている。政治家たちはこのシステムの構造的問題に対応する代わりに、規模が小さく不充分な《エンバイロメンタル・ペイメント》補助金を提供し、最悪の影響にだけ継ぎ当てして現状のシステムを保とうとする。

*

私の農業仲間たちは、おおまかに三つのグループに分けられる。三分の一の人々は、自分たちの農業のやり方を変えはじめ、お金を稼ぐためのニッチを見つけ、生態系の良き管理人になろうと努めている。つぎの三分の一は、変化を受け容れながらも、その行動の余地は限られている人々だ。収益性のある事業を営むことの財政的な現実に囚われた彼らは、多くの場合、借地人として多額の負債を抱えている。残り三分の一のファーマーは変化にたいしてひどく懐疑的であり、戦後の集約的な農業モデルをいまだ熱狂的に信じている。口で言うだけなら簡単だ、と彼らは訴える。それらのファーマーたちはほかのなによりも、一般社会の人々がスーパーマーケットで金を支払って買うもの、つまり安価な食糧製品を提供することを優先しようとする。

イギリスの主要な農業大学はいまだに、生産性を上げるという熱意に駆り立てられた「ビジネス重視」の若いファーマーを世に送りだしつづけている。新しい農業の最前線に立ち、科学技術を駆使して自然を制御するよう学生たちは教育される。経済学者のように土地について考えるべきだと教わり、伝統、共同体、生態系の限界については何も教わらない。レイチェル・カーソンの主張はカリキュラムに含まれていない。世界各地のさまざまな大学や講座は、農業と田舎暮らしについてどこまでも無知な若い生態学者をたくさん世に送りだしている。偏った専門化によって区分けされた教育は、互いをほとんど理解できないふたつの異なる集団に若者を分類してしまう。

昨年、農場に農学部の学生がやってきたとき、私は干し草の牧草地へと案内し、その場所の野生の草花の多様性について説明した。すると彼は、混乱と軽蔑が入り混じった眼差しを向けてきた。魅力的ではあるものの、前時代的な妄想に取り憑かれた愚か者を見るような視線だった。学生は大胆にもこう言った。大学の講師たちなら、このような土地を耕して〝雑草〟を取りのぞき、より現代的な草の種を蒔くことを薦めるはずだ、と。農場が生産的なビジネス以上の何かになりえるという考えは、彼にとってまったく未知のものだった。

ありがたいことに、父は私を農業大学に送り込もうとはしなかった。彼は古い考えの持ち主であり、そのような学校は、複雑なコスト計算は得意だが真の価値を見きわめられない人間を育てる場所だと信じていた。二〇代はじめのころに私は、さまざまな最先端技術を駆使する友人の農場への憧れの気持ちを父に吐露したことがある。すると父はただこう言った。「すぐに飛びつくんじゃなく、二五年後にどうなっているか見てみよう」。短期的な利益や流行ではなく、時間こそが彼にとっての試金石だった。

農業教育はいまだに、変化、革新、そして〝破壊〟に圧倒的に支配されており、持続可能性や長期的に機能するものには眼が向けられていない。近代化という視点から見れば、干し草の牧草地で学生が言ったことは正しかった。現在の農業の経済学において、真に持続可能な農業が利益を生むことはほとんどない。自然にやさしい農業は、経済的には自殺行為に等しい。集約的農業による鶏肉や豚肉よりも高いコストをかけて肉を生産するファーマーは、スーパーマーケットの棚の上では時代錯誤だとみなされることになる。

良質な農耕牧畜を求める現在の試みのなかで私は、いったん金勘定を無視し、残りの世界が近いうちにいつか正気を取り戻すと願うことしかできない。健全なやり方ではないことはわかっているが、私は何年もまえに、土地を適切に管理するために農場運営以外の仕事をして収入を補う必要があるならそうすると決めた。とはいえ、適応するために農場を離れて食い扶持《ぶち》を稼がなければいけないというのは、なんら新しい現象ではない。過度にプライドばかりが高く、頑固で、融通が利かなければ、わが家の農場はすぐに破綻する。私たちは、何か新しいコツのようなものを身につける必要があるのだろう。だとしても私は、工業化された農業の従来のモデルを模倣することによって、農場を崩壊させたりはしない。そのようなモデルは、破壊的なものだと私は考えるようになった。この点において、私は父と同じくらい頑固者だ。

＊

アイザックと私は小道を下り、羊が逃げだした生け垣の穴を見つける。イバラの上に、羊毛の房が目立つように残っている。質のいい柵、生け垣、石垣によって、私たちは羊を望む場所にとどめておくことができる。しかし当然ながら、羊には羊なりの考えがある。私は生け垣に何本か枝を押し込み、さらに反対側にも枝を押し込み、穴を塞ぐように棒を交差させる。これで羊があきらめるか不安だとアイザックが言うので、私はもう一本枝を挿し込んでぐいと引っぱり、穴全体を硬いイバラで覆い隠す。

わが家の雌羊と子羊が三つの群れに分かれて生活しているのは、それが農場の牧草地のパターンにぴったりとあっているからだ。放牧期間中、私たちは群れをべつの牧草地へと順に移動させ、もとの区画の草を復活させる。アイザック、タン、フロス、私はそれらの牧草地を突っ切っていく。足元の草むらから飛びでてくる虫を狙って、ツバメがすぐうしろに急降下してくる。ツバメを見たアイザックは、「スター・ウォーズ」に出てくるXウイング・スターファイターのようだと言い、私の歩幅に追いつくために駆け足でまえに進む。こちらの存在に気がつくと、何匹かの雌羊と子羊が頭を上げたり、一メートルほど小走りでうしろに下がったりする。しかし多くの羊は私たちをよく知っており、反応を示さない。農場の土地を歩き、（健康な土が）ブーツの下でそっと凹むのを感じる、それに代わることは何もない。

私はアイザックにたいし、農場の各区画でいつ、どのように、どの動物を放牧するのかをファーマーは決めなければいけないと説明しようとする。牧草地を順に移動させながら輪換放牧するのか、「定置放牧《セット・ストッキング》」によって同じ場所にとどめるのか。家畜をどれくらい密集させて放牧するのか、どの程度の植物を残すべきか、どれほどの期間にわたって土地を回復させるべきか。従来のファーマーのように、五～七センチほどの高さまで草が青々と茂るくらいの期間を置くのか。あるいは、さらに長く三、四〇日以上の日数をあけ、ランや野生の草花が花を咲かせて実をこぼすのを待つべきか。私たちはいま放牧をとおして生物多様性を高め、より健康な土壌を作りだそうとしている。そのためには過去のやり方から離れ、放牧のあとにより長い休息期間を設け、動物を複雑に組み合わせる必要がある。羊はつねに古く長い草を好むわけではなく、短く甘い草を好む場合もある。そのため、しっかりとした柵や生け垣をこしらえ、小道に逃げたあの羊たちのように勝手に移動するのを防がなくてはいけない。

このような選択がなにより重要になる。それが、土地が生き生きとした健康な土壌を生みだすのか、それとも土壌が浸食・圧縮されて死んでいくのかを決める。野生の草花、昆虫、鳥、木が農場に存在するのか、どの程度の規模で存在するのか。複雑で入り組んだ生け垣ができるのか、それとも絡み合った中心部が失われていくのか。ベックや湿地帯がくねくねと曲がっているのか、まっすぐなのか。土地全体にわたって蓄積されたこれらの選択が、どんな田園地帯が生まれるのか、そのなかに自然だけでなく人間のための余地があるのかを決める。これらの具体的な選択について、農耕牧畜の閉ざされた世界の外ではめったに語られることも、共有されることも、理解されることもない。

＊

一羽のノスリが、頭上の青空のなかを旋回し、番いの相手に向かって鳴く。アイザックは、ノスリが熱上昇気流《サーマル》に乗り、幼い牛がいる遠くの丘の斜面のほうに飛んでいく姿を見つめる。牛は頭を下げて草を食《は》んでいる。目視で確認できる七頭はみんな元気そうなので、近くに行ってたしかめる必要はない。五年まえ、私たちはふたたび牛を飼いはじめた。口蹄疫の大発生のあいだ、警察の狙撃手がライフルで両親の牛の群れを撃ち殺したのは、その二〇年近くまえのことだった。新しい群れを作ることは、じつに愉しい作業だ——適切な基礎雌牛を探して購入し、性格をよく見きわめ、子牛が生まれ育つのを見守る。私よりも牛にくわしい父は、生きていればまちがいなく牛の世話を好んだだろうし、彼の意見を聞けないのはとても寂しいことだ。

私たちはいま、ベルテッド・ギャロウェイ種の群れを育てている。腹のまわりに白い大きなベルト柄がある黒い巻き毛の牛で、ソルウェー湾の河口のちょうど対岸のスコットランド南西部原産の種だ。その特徴的な白い縞模様は、一キロ以上離れた場所からでも肉眼でとらえることができる。畜牛は、この丘陵地帯にかつて存在していた農耕パッチワークに不可欠な一部だった。ここ三〇年のあいだに農耕牧畜の専門化と簡略化が進むうちに、牛の群れはゆっくりと失われていった。しかし私は自分の子どもたちには、牛のいる環境で育ち、牛の異なる放牧習慣について知ってほしいと考えている。わが家の農場の新しい森の牧草地と川岸の一部にとって、牛の存在は欠かせないものだ。

＊

評判の高いブリーダーのもとを訪れた私たちは、農場の牛を見てまわった。トムが私の肩に乗っていた。ブリーダーの女性は子どもたちに向かって、それぞれの牛の名前と物語を伝えた。何事かと牛が集まってくると、彼女はその背中を掻いた。一頭の大きな雄牛が群れのなかをのしのしと歩きまわり、大草原《プレーリー》に棲む野生のバイソンのようにうなり声をあげ、地面を蹴って土埃を巻き上げ、ほかの牛の尻尾のにおいをかいだ。トムが小さな握り拳で私の髪をぐっとつかんだ。しかし、雄牛は無害そのものだった。その牛は、前年の秋にカッスル・ダグラスで行なわれたエリート牛の競売市でチャンピオンに選ばれたという。

ほんとうのところ自分で育てた牛を一頭も売りたくはない、という空気感が農場全体を包み込んでいた。しかし、ファーマーは生活のために家畜を販売しなくてはいけない。ブリーダーの女性は、妊娠中の美しい未経産牛の二頭を候補として挙げ、目玉が飛びでるほどの価格を提示した。適正な価格でなければ、けっして牛は手放さないという彼女の姿勢ははっきりとしたものだった。私たちは手ぶらで自宅に戻った。牛の群れを作るには想像以上に時間と費用がかかることに気づき、少し士気が下がっていた。だとしても、貧弱な雌をもとに群れを作ることはできない。そして三週間後、私たちはブリーダーに電話をかけ、気に入ったほうの一頭を購入することを伝え、引き取りに行った。一月、その雌牛はわが家の血統の最初の一頭となる牛を産み、私たちはその子を「レイシー・ギル・リリー一世」と名づけた。

＊

私は、自分がどれほど牛を愛しているのかをいつのまにか忘れていた。その強い仲間意識、フレンドリーさ、絶えずむしゃむしゃと食べる姿が大好きだった。牛がこの場所にとっていかに重要な一部なのか、私はすっかり忘れていた。わが家のベルテッド・ギャロウェイたちは、この北の大地にいまやしっかりと馴染んでいる。体は角ばってずんぐりとし、毛深く、頭は幅広いが短く、胸と腹は丸っこい（質素な餌を消化して生きるには、腰まわりにちょっとしたぜい肉が必要になる）。二層の冬物コートをまとい、頭は巻き毛で覆われているため、牛たちは農場の寒く湿った冬にも耐えることができる。これらの牛の遺伝子を設計してきたのは、選抜育種の長い歴史と、強健にならなくてはいけないという進化的圧力だった。彼らは豪華な建物や設備を必要とせず、最悪の天気の日でも一握りの干し草だけで生き延びることができる。冬のあいだに痩せていくものの、苦境に陥るとどんどん弱る現代種よりも多くの肉を維持することができる。とりわけ厳しい状況下でも、ベルテッド・ギャロウェイ種の牛は充分な食べ物を見つける術を心得ている。

牛が土地の形成に影響を与えるプロセスは、私にとって驚きの連続だった。牛は地面からイグサを取りのぞき、ランなどの植物が広く育つのを蹄の跡によって促進する。牛には、羊の群れよりも不規則な放牧習性がある。春から夏にかけての重要な時期、牛は牧草地の一部エリアから離れて植物を成長させ、花を咲かせて実をこぼすのを待つ。一方、べつの場所では短くなるまで草を食み、光が必要なほかの植物に恩恵を与える。地上で暮らすダイシャクシギなどの鳥たちは、このような生息環境の組み合わせを好むらしく、牛の放牧地に巣を作ることが多い。牛がいなければ、伸び放題の草むらが殺し屋に成り代わり、より小さく繊細で希少な植物を圧倒してしまう。夏のあいだずっと牛が草を食む牧草地では、バッタの鳴き声やヤチセンニュウの囀りが響き渡り、蛾や蝶の大群が飛び交う。七月には、草むらからランが上へと伸びていく。牛が水を飲む池の上でカゲロウが躍る。ツバメがあたりを舞い、牛の糞に群がるハエを捕まえる。そのまわりでミヤマガラスが土を掘り起こしてミミズ、幼虫、甲虫、地虫を探し、土地全体に栄養素を広げる。

私たちがいま立っているような羊の放牧用の永年草地には、およそ五〇種の草や野生の花が複雑に混在している。それらの野草はより均一的な放牧にも耐えることができ、背の低い草地で繁茂する。ヒバリやマキバタヒバリのような鳥たちは、これらの背の低い羊の牧草地が大好きだ。私は一年に二、三度、小柄なチゴハヤブサがヒバリを狩っているのを見かけることがある。ここから得られる教訓は、牛が良いとか羊が悪いとかではなく、多様な農地生息環境の健全なモザイクが必要になるということだ。農場の動物は良い意味でも悪い意味でも、場所を形づくることのできるツールなのだ。動物が放牧されたわが家の農場の生息地はどこも、集約的な単一栽培の農地よりもはるかに生物多様性に富んでいる。

アイザックと私は家に戻る。私は膝まで、アイザックは腰までびしょ濡れだ。家へと歩きながら私たちは、牧草地のいたるところにあるモグラ塚を蹴飛ばして土を草の上に広げる。

*

驚くべきことに、何世紀にもわたってファーマーたちは、植物や土壌の生態について真実をほとんど知らなかった。土壌はたんに作物を育てる土、牧草地の表面の下にあるものであり、それ自体に大きな意味をもたなかった。私たちはそれが当たりまえに存在するものだと考えていた。場所によってpH度が異なることは知っていたものの、土壌が生きた生態系であるとは知らなかった。土壌について何か考えるとしても、馬鍬で土をしっかり均して優れた苗床ができたかどうか、石灰や人工肥料による追肥が必要かどうか思案するだけだった。もしあなたが私の父や祖父、あるいはむかしの私に、実際には土壌とはなんなのか、その〝微生物の生命活動〟がどのように機能するのかを尋ねたとしたら、ぽかんとした表情で見つめ返されていたにちがいない。

数年まえから私はアイザックといっしょに、〝環境再生型農業《リジェネラティブ》〟の専門家である友人から土壌について学んできた。彼女は、わが家の農場について単純な事実をいくつか教えてくれた。その専門家の友人は鋤で各区画の土に一五センチ四方の穴を掘り、それぞれに何匹のミミズがいるか数えた。これによって敷地内のどの区画の土壌がより健康であるのかがわかり、過去に行なわれたファーミングがその差にどのような影響を与えたのかについて私たちは議論した。友人の先生は、プラスティック製のリングを地面に押し込み、そのなかに水を注ぎ入れ、不健康な土壌に比べて健康な土壌のほうが多くの水をすばやく吸収して保持できることを示した。光合成についての私の無知ぶりは軽く受け流しつつ彼女は、放牧によってつねに短くなる草よりも、葉の量が多く根深い植物のほうがすくすく成長することを辛抱強く説明した。

彼女のおかげで私たちは、生きた土壌こそが農場でいちばん重要な生息地だと理解することができた。それは食物連鎖の土台となるものだった。くわえて、すべてのファーミングは究極的には〝牧畜〟であることも理解できた。なぜなら、作物の栽培であれ動物の放牧であれ、私たちはつねに地表の上と下にいる信じがたい数の生物を利用・活用しているからだ。地球上の生物のおよそ半分は土のなかに生息している。土中には独自の世界が広がっており、さまざまな生物のあいだで奇妙かつ見事な関係性が保たれている。植物の根、藻類、バクテリア、線虫、ゾウムシ、原虫、菌類、私の理解の範疇を越えた多数の生き物……。たった一握りの健康な土のなかに、地球上の人間の数よりも多くのバクテリア（と無数の小さな生物）が含まれていることもある。わが家の農場の土壌にとって良い知らせは、すでに耕されて〝改良された〟土地とは異なり、草と野花の分厚い多様なカーペットにつねに覆われているという点だった。つまり、土を暖める太陽、吹き飛ばす風、浸食する雨に完全にさらされることはないという意味だ。場所によっては植物の根が地中九〇センチ以上の深さに達し、それが土壌をしっかり支え、栄養素の通り道として機能している。

土壌を健康に保つ秘訣は、野生の草食動物の行動を真似ることにあると私たちは学んだ。大規模な群れが突如として押し寄せ、草を踏みつけ、糞、小便、唾液をあたりに撒き散らす——。新鮮な草が踏みつけられる姿はひどい有様に見えるものの、土壌にとっては天国そのものだ。コガネムシ、ミミズ、無数のほかの生物が、木の葉や草食動物の排泄物（凝縮された植物や部分的に消化された植物に満ちたもの）を吸収し、その栄養をふたたび地面に戻しはじめる。すると華やかな饗宴、つまり土壌内に栄養をばらまくお祭りがつづいて起きる。木や生け垣を増やし、葉っぱや腐った木が地面にさらに広がるようにすれば、饗宴をより活発化させることができる。そのようなプロセスのすべてが、土壌の形成において貴重な役割を果たすことになる。そして時《とき》とともに新しい土壌が作られ、炭素が地中に閉じ込められる。私たちの農場の土壌は浸食されることなく安全な形で保たれており、その地下の生態系は化学肥料や耕作の影響を受けずに成長できる。それがうまく機能していることを教えてくれるのが、鳥たちの存在だ。四年まえから実験的にふたつの区画でそのような土地管理をはじめたところ、鳥がいつもそこに集まって餌を探すようになった。土壌は、人間の生態系の基盤となる層なのだ。

残念ながら、牧歌的《パストラル》なシステムだけで私たち全員が充分な食べ物を得ることはできない。多くの人間に食糧を与えてくれるのは、プラウによる耕起とそれがもたらす一年生植物の収穫だ。トウモロコシ、小麦、大麦、大豆、ソルガム（モロコシ）、キャッサバ、ジャガイモ、米……。しかしここ三〇年のあいだに人々は、耕起が生態系に深刻な影響を与えることを学んだ。耕起は土壌の微生物ネットワークを破壊し、（表面の植物を根こそぎにして太陽にさらすことによって）温度を上げ下げし、バクテリアや微生物を殺し、風雨による浸食を持続不可能な大規模なものに変えてしまう。それは驚天動地の知らせであり、多くのファーマーにとって受け容れがたいものだ。それどころか、人工肥料と殺虫剤が土壌の生物の多くを破壊しており、ファーマー（ひいては人類）が深刻な問題に直面しているという事実も明らかになった。現代の文明はプラウ（と戦後に発明された化学的ツール）の上に成り立っているにもかかわらず、そのプラウこそが問題だというのだ。よって私たちは、自然と共存し、自然を尊重しながらも、きわめて生産性の高い農法を見つけださなければならない。それは農業のやり方を変え、依存するようになった道具について考え直す必要があることを意味する。

いまでは、プラウなどによる耕起を利用せずに一年生植物を育てることもできるようになった。種を直接土に埋め込み、土壌の攪乱《かくらん》を最小限に抑えるこの方法は「不耕起栽培」（No-till farming）と呼ばれる。しかし、そこには新たな課題もある。通常はプラウを利用し、収穫された作物の茎を引っこ抜いて埋め、つぎの作物を育てるための準備が整えられる。それをプラウなしでできるのか？　あるいは、農薬スプレーを使わずに再成長や雑草を防ぐことはできるのか？　もちろん、何年も成長しつづける多年生穀物が開発・栽培され、いつか耕起が不要になる日がくるかもしれない（賢い人々がいま取り組んではいるものの、大規模での現実化にはいたっていない）。さらに、人工肥料を使わずに肥沃な畑を作ることができるだろうか？

多くの場所においてこれらの課題への解決策となるのは、作物と家畜の混合および輪作農業に回帰することだ。人工肥料の代わりに、クローバーやマメなどの被覆作物と家畜を利用すれば、土壌に栄養を与えて回復させることができる。牛や羊の群れは、収穫後の作物を食べたり踏みつぶしたりしてサッチ（枯れた植物の表層）に変え、再成長を抑え込む。さらに、輪作の過程で土地に草がまた生えたときには、家畜が耕地雑草を食べてくれる。要は、畑の古いルールの多くはいまでも通用するということだ。ただしそのためには、耕起を最小限に抑えるか、やめる必要がある。皮肉なことに、疲弊した作物栽培地の土壌を健全で肥沃な状態に戻すための持続可能な新しい〝テクノロジー〟としてなにより優れているのは、牛と羊なのだ。だからこそ高地はむかしから、低地のための家畜の託児所として機能してきた。植物《プラント》ベースの農業を可能にするには、じつのところ膨大な数の羊と牛が必要だった。そして、それらの家畜の多くを価値の低い耕作限界地で生産するのは、じつに理にかなったことだった。

＊

家に戻ると、私たちはさっそくヘレンに叱られる。濡れ鼠のまま室内に入り、部屋を汚してしまったからだ。両手いっぱいにモミボックリを抱えたトムが、私たちが戸口に来たと同時にそれを床にばらまいてしまい、状況はさらに悪化する。アイザックはすぐに服を脱いで下着姿になり、着替えるために二階に消える。「服をもっていって、洗濯カゴに入れて！」とヘレンが叫ぶ。私は靴下を脱ぎ、いちばん古い椅子に坐る。台所にはおいしそうなにおいが漂っている。ヘレンは、ジャガイモを添えた鶏肉とリークのパイを作ってくれていた。柵の修理と朝の作業について私が話しだすと、彼女は聞いているふりをしながら調子を合わせるが、実際には自分の仕事に気を取られている。調理台の上には郵便物があり、請求書が広げて置いてある。彼女のノートパソコンも開いたままだ。ヘレンはその朝、来週の正式な検査に向けて農場の薬品管理帳をチェックしていた。彼女は、自宅と農場を維持するために数えきれないほどの地味な仕事をこなしている。四人の子どもの世話と一〇〇万の心配事を任せたまま私が家を離れるとき、ときどきヘレンは、絞め殺してやる、あるいは怒鳴りつけてやると言いたげな表情を浮かべる。しかし、子どもたちが畑やベックで遊んでいるとき、羊の囲いや納屋で私たちを手伝っているときには、彼女はいつもニコニコと笑っている。そのときのヘレンは、私と同じようにこの生活を愛しているように見える。彼女のなかには燃えたぎる情熱があり、日々家族のために奮闘している。私が自分のやりたいようにできるのは、起きているあいだずっとヘレンが農場をサポートし、家族を世話してくれているからだ。裏ですべてのことを支えているのは彼女なのだ。私が挫折しそうになったときにも、ヘレンはいつも気丈に振る舞ってくれた。

*

自分がファーマーとして働くことが得意なのか、私にはよくわからない。それは圧倒的な仕事だ。すべてをやり遂げることなどできないし、ましてや首尾よくやることなどできない。私はつねに、請求書の支払いのためにさまざまな責務をやりくりしている。まちがえてしまうことも多い。農場の仕事から利益が生まれることはほとんどなく、利益が出たとしても、すぐに食い尽くされてしまう。いつか無一文になり、すべてがバラバラに崩れていくのではないかと私は恐れている。いまになって、父親がときどき苦虫を噛み潰したような顔をしていた理由がわかる。まだ終わっていない仕事のリストは毎月増えていく。柵や石垣を修繕し、生け垣を造り、病気の羊を一匹ずつ治療し、群れの質を改善するために必要なあらゆることをするだけで、人生二回分の時間は必要になるはずだ。できることなら、存在しない莫大なお金を費やし、木々を植え、野生の土地をさらに増やしてみたい。もっと多くのお金を使い、純血種の牛の偉大な群れ、比類のない羊の群れを築き上げてみたい。しかし実際のところ、農場はファーマーを呑み込み、もっているすべてを奪い、さらに多くのことを要求する。それは謙虚さのための訓練でもある——農場の仕事をひとりだけでこなすことはできない。

私が学んだ最大の教訓は、〝ファーマー〟が英雄的な一匹狼であるという考えはそもそも、いかにも男性的な神話でしかないということだ。質の高い農場を機能させるためには、村が必要になる。この仕事の多くは女性によって行なわれる。私の妻、母、祖母はみんなこの農場を支え、まわりに生活を築き、農場に取り憑かれた男たちに耐えつづけてきた。しかし、それは家族の範囲をはるかに超えたプロセスでもある。私たちは、伝統的な方法でこの土地を維持する術を知る多くの人々の助けを借りながら農場を運営している。彼らは、古い道具を使って生け垣や雑木林を管理し、健康な木を植えて育てることができる。ときに、牛や羊のことを熟知する優秀なストックマンやストックウーマンに助言を求めることもある。家畜をいつどのように移動させるべきか？　どうすれば地域の条件に合った丈夫な種に育つのか？　これら熟練した思慮深い農民たちはいま、かつてないほど地域にとって欠かせない存在となっている。

田園地帯の復活において自分の役割を果たすためには、相当数の自然科学者も必要だと私は気づくようになった。一般的なファーマーがもつべき知識だけで、農場の生態系について理解することなどとうていできない。自分だけではすべてを実行できず、すべてを知ることもできないと認めるのは、はじめは恐ろしいことだった。理想とするファーマーほど自分は強くも賢くもないのではないか、と私は不安になった。しかし、助けを受け容れて知識を共有すればするほど、私たちの農場はひとつの共同体へと近づいていった。いままでは、何人かの生態学者が農場で一定の役割を担うようになった。政府機関から派遣された学者もいれば、友人として好意で手伝ってくれる学者もいる。さらに数人の学者にたいして私たちはお金を支払い、農場に何が存在し、なぜそれが大切なのかを理解する手助けをしてもらっている。そのような知識の蓄積は、農場の土地やこの渓谷にたいする自分たちの理解を変えつつある。土地についての新旧の知識の融合によって、この地のファーミングはかつてないほど刺激的でやりがいのあるものになった。これらの知識を学ぶたび、人生はより豊かになる。そして、自分たちの農場をほかの人々と共有すればするほど、ここがより重要な場所だと感じられるようになる。私はもはや、世界から眼を背けてはいない。

私たちの土地は、一九八〇年代や九〇年代よりも賑やかになった。当時、それまで積み重ねられてきたことが剝ぎ取られ、仕事や労働者が失われていったせいで、農場はときに孤独で静かな場所だった。いまやこの渓谷は再生の場へと変わりつつあり、仕事——優れた技能を要する仕事——がふたたび行なわれるようになった。つねに誰かほかの人がここで働き、学び、私たちを助けてくれる。田園地帯を再生するというのは、古い共同体と伝統的な生活様式を破壊することではなく、少なくともそうあるべきではない。それは、古いものと新しいものの両方を尊重する、強力な新しい農村共同体を築き上げることだ。

いまでは地域の学校の教師や生徒たちがわが家の農場にやってきて、農業、食べ物、自然について学ぶための教室としてこの土地を利用している。子どもたちが子羊の誕生に立ち会い、羊毛に触れ、食糧が農場から食卓に届くプロセスを学ぶ姿を見るのは、じつに喜ばしいことだ。ベックからすくい上げたペトリ皿のなかにトビゲラの幼虫がいるのを見て、彼らは息を呑む。腐った木の幹のなかにいるワラジムシを必死になって探す。野生の土地の低木層を引っかきまわし、アマガエルやヒキガエルを見つける。牧草地の野生の花を数えながら駆けまわる。生け垣を造り、川岸にヤナギを植えるのを手伝ってくれる。休憩中、子どもたちは牧草地の解放感を満喫し、大《だい》音声《おんじょう》をあげながら走りまわり、野生的な幸福と自由で農場を満たしてくれる。

ある日、遠くの町の学校の一クラスが農場にやってきたとき、ひとりの少年が家でつらい経験をしていると聞かされた。彼はろくに会話することもできず、コンクリートのように血色が悪く、大人が近づくたびにたじろいだ。昼食時、担任と私は少年を連れて納屋の脇に行き、草地に設置された腰の高さほどの小さな可動式鶏舎から卵を集めた。あたりでコッコッと鳴く雌鶏について、私たちは静かに言葉を交わした。そして、干し草のなかに卵を産むために巣箱に戻る流れについて私は少年に説明した。少年が手を伸ばして温かい卵を持ち上げると、純粋な喜びとともにいっとき彼の顔が輝いた。時間がたつにつれ、頬の血色が良くなり、会話の量が増え、少しだけ自信を取り戻したように見えた。少年は、牧羊犬が羊の群れを動かす姿を見るのが好きだった。別れを告げたとき、彼は私たちに向かって微笑んでくれた。それは本心からの笑顔に見えた。担任の教師は、少年がこんなに愉しそうに一日を過ごしているのを見るのは久しぶりのことだと言った。彼が去ったとき、私は焦燥感と悲しみの涙に暮れた。

*

昼食のあと、娘ふたりが私といっしょに農場にやってくる。羊の群れのひとつを囲いに移動させるために、娘たちの助けが必要だった。子羊の一部の背中が汚れており、寄生虫を駆除しなければいけなかった。その群れは、村の奥のほうにある「アロットメント」（はるかむかしにコモン・ランドから分割された荒れた牧草が広がる囲い地）にいる。モリーは小道の端にとどまり、草深い土手に坐って日向ぼっこをする。ビーと私は、羊の群れがいる道路のさきまで歩いていく。ビーが道路を走る車を止め、そのあいだに私は群れを区画から追いだす。背後から追い立てる五匹の犬とともに、道路に沿って羊を歩かせる。群れが近づいてくると、モリーが小道の下へと羊を誘導し、私たちはヤナギの木のあいだを通って家に向かう。娘たちは、生け垣から引っこ抜いたナナカマドの枝を振りまわす。

「それがなんの木かわかる?」と私は訊く。

「ナナカマド……簡単」とふたりは答える。

「この区画を管理するファーマーは?」

「ピーター・ライトフット」

「あのハードウィック種の雄羊についてどう思う?」

「悪くない。でも、パパの群れに入れるにはちょっと肌の色が薄いかな」

幼いころから羊を品評会で披露したり売ったりしてきた娘たちは、自分の農業文化に誇りをもっている。

＊

自分の子どもたちには、私自身が教わったことを教えようとしてきた。たとえば、眼のまえの羊がどの農場に属しているのかを見分け、数秒のうちに群れの質を判断するための「羊を知る」方法を身につけてほしかった。子どもたちはわが家やまわりの農場の羊の群れのスタイルや性格をよく理解しており、くわえて自分自身でも羊を育てている。二年まえの冬、モリーが飼っていた最年長の雌羊が死んだ。出産時期に手伝いをしてくれたご褒美に、私は代わりとなる幼い雌羊をモリーに自由に選ばせた。そのとき、納屋には一〇〇匹以上の羊がいた。多くの人にとっては、どれも同じに見えたにちがいない。数分後、モリーは最高の一匹を選びだし、〇代のクールな笑みを私に向けて小屋を去っていった。それがいちばん優れた羊であり、私が手放したくないと願っていた一匹だと見抜いていたのだ。しかし、娘がその選択ができるほど充分な知識をもっていたことを誇りに感じ、私の喪失感は和らいだ。これほど眼の肥えた羊飼いはそう多くはいないはずだ。

　トムが生まれたときに私は競売市に行き、隣人で良きライバルでもあるジーン・ウィルソンから雌の子羊一匹を五〇〇ポンド（約七万五〇〇〇円、一ポンド一五〇円で計算）で買い、トムの群れをスタートさせた。ジーンはトムにカードを贈ってくれた――この雌羊が産んだ子羊を品評会に出して、いつかお父さんを負かしてみなさい。〝羊が健康に育つための願かけ〟と称して彼女は、購入額から二〇ポンド（約三〇〇〇円）を差し引いてトムの幸運を祈った。何年かたてばトムもまちがいなく、姉たちと同じように品評会で自分の羊の横に立って披露することができるようになるだろう（ちなみに娘ふたりはすでに、ほとんどの羊飼いと負けないくらいに立派に羊を披露することができる）。

＊

さらに、自然溢れるこの凸凹とした古い渓谷の農場に住むことが、どれほど幸運なのかを子どもたちに知ってほしい。伝統的な地平線を越えたより大きな全体像を見、幅広い環境のなかで自分の農場について考えてほしい（若いころの私はそれができなかった）。どの農場も島ではなく、より広い生態系、渓谷、河川の流域、相互に結びついた世界の一部なのだと理解してほしい。私は子どもたちに蛾や蝶について教える。羊に蹴散らされる小さな黒いチムニー・スイーパー、小さな斑点のあるリングレット、縁《ふち》に茶色と赤の大きな斑点があるマキバジャノメ。芝生からわずか数センチのところに伸びるラベンダー・ブルーのキランソウの花、小さくシンプルな黄色いタチキジムシロの花、オークの木陰の湿った側に生えるコケを子どもたちに見せたい。開け放たれたゲートを抜けて牧草地を進むあいだ、張り子のような脆い牛の糞を私が持ち上げると、娘たちは変人を見るような視線を向けてくる。糞は手のなかで崩れるが、そこは生命に満ちており、太った灰色の幼虫、小さな黒いコガネムシ、ちっちゃな青緑色の甲虫、昆虫の殻が陽光のなかで煌めいている。

＊

雌羊たちは耳をピクピク動かして頭を下げ、上に群がるハエを振り払おうとする。最年長の雌たちが群れを率い、その子どもがトコトコとうしろをついてくる。口から舌を垂らした犬たちが群れのなかを縫うように左右に動き、群れをまえに進める。私は子どもたちに説明しようとする。自分が何をしているのか、なぜ糞、甲虫、泥炭地、菌類、ミミズに注目するのか。農場の未来は、何千年もまえに野生そのものだったこの渓谷の生息地（と自然のプロセス）をどれくらい忠実に再現できるかにかかっている、と私は説明しようとする。

「でも、どんな様子だったかわかるの？」とモリーは尋ねる。

正直に言うと、私も最近までくわしく知らなかった。祖父は、この渓谷が過去からずっと同じままであり、これからも変わらないかのように振る舞った。しかし生態学者たちの研究によれば、かつてこの場所にはもっと鬱蒼《うっそう》と木が茂り、私が見たこともない種が生息していたという。ウズラクイナ、ケナガイタチ、マツテン、オオヤマネコ、イノシシ、バイソン、野牛、ビーバー、クマ、オオカミ……。さらに、いまは絶滅した種もいた。ケナガマンモス、サイ、ボッグ・ヘラジカ、ホラアナライオン……。生態学者たちは、すべてがどのように機能していたのかを完全に把握しているわけではない。なぜなら、そのような過去を想像するのに役立つ記述も写真も映像も存在しないからだ。なかには、この土地は成熟した木々の天蓋で閉ざされ、『赤ずきん』のようなヨーロッパのおとぎ話に出てくる深く暗い森だったと信じる人もいる。しかし、近年になって明らかになった多くの証拠は、その考えがまちがいであるか、あるいは少なくとも過度に単純化された見方であることを指し示している。何万年、さらには何十万年ものあいだ、人間はその変化の一部となり、土地を形づくってきた。最終氷河期が終わって森林地帯が再生するまえに、人々はトナカイやそのほかの草食動物の群れを追って各地の土地を渡り、狩猟採集民としてこの湖水地方のような場所にやってきた。それは、極北の人々がいまも続けていることだ。

　土地全体が森で覆われるという見立ては、草食動物の大群が肉食動物によって移動させられていた先史時代の荒野で起きていたと推測されることにもとづくものではない。むしろ、森林の管理をやめて放置した場合に現時点で起きることにもとづいた予測だ。野生のシステムはいまも、生態学者が「ダイナミズム」と「攪乱」と呼ぶものに満ちている。大小さまざまな草食動物が木の葉を食べ、木をこすって倒し、空き地や草原地帯を作りだす。生息地とは不変の静的な場所だと私たちは考えがちだが、自然界にあるすべての生息地は、放牧、嵐、病気、破壊、踏みつけ、腐敗、死、衰弱によってつねに変化することを強いられている。これらすべてのプロセスは必要不可欠なものであり、それが独自の生態的地位《ニッチ》を作りだす。健全な生態系は永久運動の状態にある。ほんものの荒れ地は、上品なイングランドの森のように見えたことなどなく、もっと乱雑なものだった。森林、低木、草原の空き地という主たる三種類の生息地が、誕生、生、死が渦巻く絶え間ないダンスのなかで動きまわっていたのだ。

　モリーは、最近みんなで見たタンザニアのセレンゲティ国立公園についてのドキュメンタリー番組みたいだと言う。彼女の言うとおりだ、と私は思う。私たちの伝統的な農業システムは今後もさらに進化し、（地域の人々の巧みな技術や在来種を利用して）セレンゲティと似たように変化する生息地のパッチワークを生みだすことができる。そこには、強度と種類の異なるさまざまな放牧をとおして築かれる、過去の森林の空き地に似た草原や牧草地がある。そして、私たちがいま羊の群れとともに通過しているような分厚い生け垣がある。この地に集まるたくさんの鳥たちは、自分がイバラだらけの野生の森林地帯の端にいると思っているはずだ。野生に近い川や池、ヤナギやイバラの茂みなど、核となる生息地や自然のプロセスを増やすたび、かつて失われた種がまた戻ってくる。皮肉なことに、野生生物にとってヨーロッパで最適な農業は、ルーマニアやハンガリーなど開発が遅れた〝後進的な〟場所に存在する。

＊

私たちのまえにいる羊が、ベックにたどり着いた。ためらって一カ所に集まっているが、一匹がいちばん狭いところを飛び越えると、残りの羊もつづいて飛び越えていく。すぐに私たちはゲートのほうに曲がり、羊が集まる囲いへと下っていく。娘たちが汚れた羊の体を手でつかんで押さえつけているあいだに、私は毛刈りばさみで臀部の汚れた毛を切り落とす。一匹の子羊の湿った毛の塊のなかに蛆虫が何匹かいたので、それを払い落とし、バトルズ社のマゴット・オイルを振りかける。子羊は、安心したように体を震わせる。三〇分後、すべての作業が終わる。私たちは羊の群れを追い立て、囲いの上のほうにある牧草地を抜け、新鮮な区画へと連れていく。群れのまえで、一羽のジョウビタキがぴょんぴょんと跳ねている。また一羽、また一羽と姿を現わし、最後には五羽分の小さな赤い尾が見え、イバラの木から隣のイバラの木へと羊の脇をすいすい飛んでいく。翼のはためきとともに光る尾は、切り取られたばかりのマホガニーの小さな三角形の楔《くさび》のように見える。あたりの空気には、羊の足で踏みつぶされたミントの香りがねっとりと漂う。新しい区画に入った羊たちは頭を下げて草を食《は》み、頭を上げて子どもに向かって呼びかける。さきに家に戻るよう言うと、ふたりの娘たちは、白、ピンク、黄の花で覆われた急な土手の斜面を競争しながら駆け下りていく。「ありがとう」と私は背中に向かって叫ぶが、ふたりには聞こえていない。これから私はべつの区画に戻り、牛と子牛の様子をたしかめなければいけない。

＊

牧草地はいま、夜明けごろとはまるっきりちがって見える。これらの草原は、二度と同じ姿を見せてくれない。私は牧草地の状況を正しく読み取る技を学びつつあり、それを誇りに感じている。羊や牛についての知識にたいする誇りとは異なる、新しい種類の誇りだ。牧草地の美しさ、揺れ動く色の波を生まれてこの方見てきたにもかかわらず、その野生の生物多様性を実際に見、理解してはいなかった。祖父は草については教えてくれたが、野生の花については何も言わなかった。祖母と母は農場の牧草地のなかでもとりわけ美しい花について話したが、その名前を知らないことも多かった。電話機の下の引き出しに入れっぱなしの『ポケット図鑑「英国の野生の花」』で名前を調べると母らはきまって言ったが、約束が果たされることはなかった。

父が死んでから月日がたつうちに、この渓谷の自然について自分がほとんど何も知らないことをますます痛感するようになった私は、植物学者を雇って植物調査をしてもらうことにした。農場の一等地となる干し草の牧草地に足を踏み入れてわずか数秒のうちに、その植物学者が、私にはできないやり方で土地を読み解く方法を知っているのだとわかった。彼は掌の上にいくつも花を並べ、私が興味津々であることに安心しつつ、それぞれについてくわしく解説した。一、二時間後に明らかになったのは、農場の牧草地は想像よりもはるかに優れたものであり、はるかに生物多様性に富んでいるということだった。私たちの土地は荒廃していなかったし、手遅れでもなかった。植物学者は、自身も本で調べなければわからないような珍種をつぎつぎに見つけた。それは彼がほとんど見たことがない植物、あるいはここで見つけることを予想していなかった植物だった。一日目の終わり、こんがりと日焼けした植物学者は、情熱いっぱいに顔を輝かせていた。はじめに調べた牧草地で彼は、九〇以上の種を発見した。近代的な集約的農業が行なわれる草地にはわずか四、五種しか存在しないことがほとんどで、ときには一種しかないこともある。植物学者は、私がこれまで見たことのなかった植物を指し示し、一つひとつにまつわる物語を教えてくれた。キョクチコゴメグサ、コゴメグサの一種であるコンフューズド・アイブライト、ウチワゼニクサ……。子どものころから見たことはあったものの、くわしく知らなかった植物について、学者は名前を列挙した。野生のゼラニウムであるウッド・クレインズビル、クロバナロウゲ、アザミの一種のメランコリー・シスル、カッコウセンノウ、ヘアベル（イトシャジン）、スゲの一種であるフリー・セッジ、ヌマボロギク。農場の敷地内で二〇〇種近い植物や草が見つかり、その多くは絶滅危惧種の「レッド・リスト」に指定されているものだった。さらに学者は、五、六の重要な種が農場の牧草地に存在しないことに気づいた。かくして私たちはそれらの植物をふたたび土壌に戻すために、六五〇〇の小さなプラグ苗を一つひとつ手で植えるという作業に取りかかった。

　植物学者は、ほかにも重要なことを私に教えてくれた。〝自然〟は農場のまわりや荒れ放題の周縁部だけに存在するものではない、と彼は説明した。自然は農場の内側、つまり土壌や草地のなかにも存在する。希少な植物が育っているのは感嘆すべきことではあるものの、多くの一般的な植物も必要となる。二〇種のみの花や草が育つ土地は、かつて野生のビーバーが作った牧草地やバイソンが草を食んだ森の空き地ほど、生態学的には原始的なものではない。しかし、そこに価値がないというわけではなく、花のないサイレージ用の畑よりもはるかに豊かで自然に有益なものだ。赤や白のクローバー、ヒナギク、キンポウゲなどのごく一般的な植物もまた、ハチをはじめとする昆虫に多くの餌を与えてくれる。

　土地が「完全に野生」か「完全に効率的で不毛」のどちらかでなければならないという考えは、浅はかで人々を惑わすものだ。それは持続不可能な見せかけの単純化でしかない。絶望の果てに

「農業は悪」「自然は善」という白黒の世界観に陥るとき、人々は差異やニュアンスの大切さを見失ってしまう。そのような世界観のなかでは、聖人君子的ではないすべてのファーマーが悪者になる。すると人々は、農業の実際の複雑さ、それら両極のあいだにある幅広い領域、自然にやさしい農業のための巨大な余地を見逃してしまう。ほんの些細な農法の変化だとしても大規模に行なわれれば、革命的な影響をもたらす可能性もある。どんな農業システムであれ、多くの自然を取り戻すために工夫できることはかならず存在する。ここ五〇年のあいだ、取るに足らない農業の利益が私たちの農場から自然を徐々に奪っていったのと同じように、そのプロセスを逆転させて自然を徐々に取り戻すこともできるはずだ。

*

私たちは、自分の農業をとおして何か賞を獲得したり、大金を稼いだりすることはできない。少なからず貢献はできても、（持続可能性がもっとも低い農業システムが喧伝する）「世界じゅうの人々に食糧を提供すること」もできない。より集約的で工業的な側にいるファーマーの一部にとって、われわれのやり方は懐かしい空想のように見えるにちがいない。彼らは異なる選択をし、私たちよりも多くの人により安く食糧を供給している。すべての農場が私たちとまったく同じように機能することはできないし、機能するべきでもない。問題はそこではない。回復力のある強固な食糧システムを保つためには、多くの異なる種類のファーマーが必要になる。ほかの数多くの分野でもそうであるように、農業にとっても多様性は強みとなる。しかしどんな種類の農場であれ、ちょっとした微調整をくわえ、有害な習慣からの脱却に向けた支援を受けることによって、自然のためにはるかに良い場所へと変わることができる。

＊

午後遅く、フェルの南側の斜面の影が伸びていく。子牛は乳をたっぷりと飲んで元気だ。落ち着きのない母親に舐められた体毛が丸まっている。私は農場を横切って歩きながら、その場所が変化していく様子に喜びを感じる。私が定めた単純なルールは、農場のどこに立っても、二七〇メートル（三〇〇ヤード）以内に異なる種類の貴重な生息地が存在するというものだ。望むのは、鳥の囀り、昆虫、動物、美しい草木に満ち満ちた農場だ。そのためには化石燃料ではなく、圧倒的大部分のエネルギーを太陽光でまかなわなければいけない。さらに、薬剤や化学薬品だけでなく、市販の飼料の量も徐々に減らしている。殺虫剤はほとんど使用しておらず、近いうちに使用量がゼロになることを目指したい。すでに自家発電に切り替えており、送電線網の代わりにソーラーパネルから電気を得ている。つぎの段階では、小型の水力発電機や風力タービンの導入も視野に入れている。最近行なわれた炭素の監査では、私たちの農場は使用・放出量よりもずっと多くの炭素を捕獲していることがわかった。私の見立てでは、今後はさらに多くの炭素を捕獲できるようになるはずだ。

そのような取り組みのどれも、羊の偉大な群れや牛の群れを飼育することと矛盾するものではない。かつて私たちが借金を背負ってでも購入した化学肥料、医薬品、殺虫剤、燃料、飼料、トラクター、機械は、あらゆる害の端緒そのものであることがわかった。この農場はいま、人工的な投入を最小限に抑えながら食糧を生産する農業システムへと移行している。残念ながらそれは、必要に応じて農場以外の仕事で食い扶持を稼がなければいけないことを意味する。自分たちの農場にたいするこの新しい考え方は、私のもともとの夢やアイデンティティー意識に取って代わるものではない。たんに、そこに興味深い層がくわわるだけだ。

実際のところ私たちは部分的に、より古いタイプの農業生活へと戻っている。つまり汗、血、重労働にもとづく農業だ。かつてと同じように農作業は、季節ごとに変化する肉体労働となり、その場にとどまって物事を見守り、手を汚すことを中心に展開していく。安楽な生活のためのレシピとはほど遠いものだ。むかしのファーマーたちは涙ぐましい努力を続け、いつなんどきも用心深くあらねばならなかった。それは古くさく厳しいゲームであり、仕事量を最小限に抑えつつ生産性を最大化するという経済原則とはまったく相容れないものだった。ファーマーが重きを置くべきなのは、土の上で過ごす時間を最小限に抑えることではない。むしろつねに土の上にとどまり、そのリズムとプロセスをさらに理解・活用し、より実践的な方法で土地を世話するべきだ。

この新しい農業生活は、人間の力やコントロールが弱くなることを意味する。よって私たちは自然とのむかしながらの格闘を繰り返し、たびたび負けることになる。昨冬に私は、動物に使う薬と抗生物質の量をできるかぎり減らそうとした。春の終わりに無情な暴風雪に襲われると、農場の羊たちが突如として病気になり、荒々しい風と身を切るような寒さにうまく対応できなくなった。私の気づかぬうちに、羊の肝臓に吸虫が寄生していたのだ。この寄生虫は、生活環の一部として小さな淡水カタツムリを宿主として使い、草の上で羊に食べられ、その腸や肝臓に損傷を与える。この全体のプロセスは眼に見えない。しかし長い冬のあいだに過酷な圧力にさらされた羊は、やせ細って疲れ果て、苦しみはじめ、肺炎にかかり、何匹かは病気にかかって死んでしまった。吸虫を殺す強力な薬を与えれば、この事態を避けられたかもしれない。私にはそうわかっていた。このような文明の利器から距離を置くことはときに無謀な行為にも感じられ、多くの犠牲を出すことにつながる。もし過去がお気楽なものであれば、人間はそう簡単に過去を手放したりはしなかったはずだ。子どもが病気のときに親は最良の薬を求めるが、私の動物への姿勢もそれと異なるものではない。それでも私たちは、この土地に適応した在来種の動物だけを育て、化学薬品や薬の使用を最小限に抑えて管理できる家畜を選び抜こうとしている。

＊

死ぬ数カ月まえから父は、世界のすべてと闘う必要はないのだと私に教え込もうとした。人生最後の一五年のあいだに彼は、おそらく以前にはなかったある種の知恵（あるいは私がその価値を認めていなかった知恵）を身につけた。父が学んだのは、たまにうしろに下がって一息ついてもいいということだった。そのほうがお金になるなら、あるいは賢明だと思うなら、農場とはべつの仕事をしたっていい。無知や過去の過ちを認めてもいいのだと彼は学んだ。このような実用主義は、父が残したもっとも役立つ遺産だといっても過言ではない。父と祖父は、私がいま取り組んでいることすべてを実践していたわけではなかった。そもそも彼らの時代には、そんな行動は期待されていなかった。なんらかの宗教のように父や祖父の一挙手一投足をすべて真似しなくとも、私は、ふたりの良識と仕事ぶりに敬意を払って行動することができる。父と祖父は自分が生き働いた時代に合わせて行動していた。私もそれを見習わなければならない。

＊

河川の保護についてのルーシーの計画を全面的に受け容れるのには、しばらく時間がかかった。彼女の壮大なアイデアは、農場内のいちばん肥沃な牧草地を流れる小川を、二〇〇メートルほど離れた場所に移動させてより自然な水路を形成し、新しい池と湿地帯を作るというものだった。私にとってそれは、あまりにも多くの土地を必要とし、農場の牧草地を台無しにし、過去の仕事の多くを破壊するもののように思えた。そこで当時の私はノーと答え、まずはそれほど野心的ではない変化をくわえることにだけ同意した。しかし何年かたつにつれ、より野生に近い川について私は学び、そのような川のまわりで農場を運営できると受け容れるようになった。そして、私は考えを変えた。ヘレンや子どもたちに相談してみると、それが正しいことならやるべきだと言ってくれた。

この夏、掘削機が登場した。地元の建設会社の三人の男たちが、掘削機、ダンプカー、さまざまな機械をもって農場にやってきた。彼らは、機械を使って土地を〝悪化〟させることについて少し懐疑的で、大学で教育を受けた者だけが思いつく常軌を逸した計画だと考えた。しかし仕事には熱意をもって取り組み、溝や池を掘り、曲がりくねった水路を作った（洪水の衛星モデリングによって特定されたルート）。それから、まっすぐに伸びる古い水路を埋めた。その段になると彼らは、もとの計画より野心的な池や溝を意気揚々と作りはじめた。最終的には川全体が柵で囲まれ、そこはときどき牛の放牧のために使われる。まわりの草地は出産用の牧草地として利用され、生まれたばかりの子羊がベックに落ちて溺死することもなくなる。

私たちはいま、ヤナギ、ハンノキ、ハシバミを川岸に植える計画を立てている。ヘレンは、「あなたはビーバーの餌を植えるのが好きね」と指摘する。わたしたちが老人になるまえに、川に戻ってくる毛むくじゃらのビーバーの歯で苗木はみんな噛みちぎられてしまう、と彼女は言う。その答えは時間が教えてくれる。かつて私はそのような土地の再編成は狂気の沙汰だと思っていたが、しだいに考えは和らいでいった。学べば学ぶほど、斧や鋤をもつ私の代わりに、渓谷のじめじめした区画の管理を将来的にビーバーたちに任せるほうが理にかなったことだと感じるようになった。そうすれば農場の牛や羊は、より野生に近い川のまわりで草を食むことができるはずだ。

私は父の助言にしたがい、できるかぎり変化に適応し、新しい可能性を受け容れるようにしている。私の仕事は、世界のすべての小さな変化に抗うことではない。

*

夕食のあとに家を出ると、渓谷じゅうで雌羊と子羊が互いを呼び合う鳴き声が聞こえてくる。私はトムとアイザックを連れ、いちばん年下の牧羊犬であるベスとネルの訓練に行く。納屋の上《ス》下二段式の木製扉《テーブルドア》を開けるなり、犬たちは興奮して飛び跳ね、褒められたくて鼻をこすりつけてくる。アイザックは犬がおとなしくしたがうまで大声でわめき、手でたたいて犬を追い払わなければいけない。四輪バギーの燃料タンクを膝で挟んでしがみついたトムは、犬がうしろから乗り込んでくると、少しまえかがみになる。それから小道を下っていくと、犬はバギーから飛び降り、じゃれ合いながら競争し、土手のアザミのあいだを転げ落ちていく。

アイザックは、すべての父親が羨むような聡明で、やさしく、忠実な男の子だ。本の虫である彼は、道中、最近読んだ北欧神話について教えてくれる。農業にたいしてアイザックが抱く夢は、私を誇り、希望、恐れで満たす。誇りと希望を抱くのはいうまでもなく、ひとりかそれ以上の子どもが、私の人生そのものとなったこの場所でいつか農業を営むことを望んでいるからだ。この古い農場がこれからも長く続き、私が渓谷に感じる愛と似たものをひとりでも多くの子どもが感じ、渓谷が私に与えてくれたのと同じ目的意識をもつ。私はそんな考えに浸るのが大好きだ。しかし子どもたちには、父親の夢のなかに閉じ込められたとは感じてほしくない。私は彼らの将来をひどく恐れてもいる。なぜなら、農場の生活はときに猛烈に過酷であり、経済状況はつねにひどいものだからだ。

私と息子たちは、麓の牧草地にいる何匹かの高齢の雌羊を使い、幼い二匹の犬を訓練する。まず端まで犬を送りだし、区画のまんなかにある組み立て式の囲いに羊を連れ戻すよう指示を出す。ベスは強く熱心な雌犬で、仕事が大好きだ。雌羊たちはベスから逃げることはできないとすでに学んでおり、ほとんど抵抗せずに囲いに入っていく。こんな弱々しい羊のためにわざわざわたしを使わないで、と言わんばかりにベスはこちらを見やる。妹であるネルは臆病な性格なので、まずは様子を見守って安心させなくてはいけない。しかししばらくするとネルは、独特の洗練されたスタイルで羊を追い立てはじめる。私は、二匹を手元に置くと決めたことを後悔する。なぜならベスはちょっとした乱暴者であり、妹が自信を失う要因になっているように見えるからだ。ネルを一流の牧羊犬に育てるためには、もっと褒め、ほかの犬たちとはべつに訓練する時間を与える必要がある。私としては、ただ忙《せわ》しなく動きまわり、無駄とも思える努力を続けるのではなく、農場をより安定した状態に保ちたい。そしてゆっくりと深呼吸し、作業のスピードを落とす。そうすれば、牧羊犬を訓練したり、わが家と呼ぶこの驚くべき場所を愉しんだりすることにもっと時間を割けるようになるはずだ。

*

私たちは、若い羊《ホッグ》の様子を見にいく。雄羊《ラム》として売るために飼っている一歳の羊たちだ。夏のあいだこの雄羊の群れは、バリーという名の男が所有する平坦で小さな高地の牧草地で過ごす（バリーはサンタクロースに似ているとアイザックは言い張る）。「バリーの牧草地」の何か——おそらく泥炭の酸性土壌——が、このハードウィック種の羊毛を青みがかった濃灰色に変えてくれる。秋に販売するためには理想的な色だ。白い頭と脚は〝すっかり掃除〟され、ここ数週のあいだにさらに明るさを増し、子羊特有の黒みがかった色は消える。私の鋭い視線は、雄羊の頭と脚の雪のような白さで満たされる。成熟期に達してテストステロンが増すと、その鼻に皺が寄って大きく膨らむ。脚はより頑丈になり、骨は太くなり、後頭部から首にかけての毛が鬣《たてがみ》のように銀色に輝く。この数週でその青白い角《つの》が曲がり、耳のあたりでねじれ、ときに眼の近くまで伸びていく。群れのなかには序列があり、より強い者たちが王様のように気取って歩く。

私は自分の羊の群れを愛している。それは私の誇りと喜びであり、おそらく今後もそうありつづけるだろう。私はアイザックとともに作業しながら、羊を判断する彼の能力を鍛え、良い羊ばかりが集《つど》う群れのなかから偉大な羊を見分けるための些細な要素を理解する手助けをしている。まだ基本を学んでいる段階ではあるものの、なかなか才能はありそうだ。去年の秋、私はほかの仕事に追われ、農場の羊を披露する羊飼いの会合に参加することができなかった。羊の準備をする時間もなかったので、農場としての参加は見送り、代わりにアイザックが母親とともに見学に行くことになった。大好きな集まりに自分で参加することができないのは、じつに悔しいことだった。アイザックはその夜、「若いハンドラー」のためのコンテストで勝ち取った銀杯を誇らしげに掲げて帰ってきた。その賞は、羊を披露する優れた能力を審査員に示した若い羊飼いに与えられるものだった。「でも、羊を連れていかなかったじゃないか」と私は思わず言ってしまった。「ああ、それは問題なかったよ」とアイザックは答えた。「ジーン・ウィルソンが雄の子羊を貸してくれたんだ。ほんとうに堂々と立派に立っていてくれたから、きっと勝つだろうなとぼくも思ってた」。ジーンはそういうことをするのが大好きだった。彼女が所有する羊を披露すれば銀杯を勝ち取ることができる、という確固たるメッセージを私に送ったのだ。

＊

「良いファーマー」とは何かについて、私は特定の考えをもつように育てられた。もっとも優秀なファーマーとは、もっとも優秀な牛、羊、豚を飼う偉大なストックマンだった。見事な作物で溢れる畑をもち、一生懸命に働く人々だった。私にとってこの世界観はむかしから変わらず、今後も変わらないものに感じられた。しかし父と祖父の両方の時代の農場での生活をいまになって振り返ってみると、良いファーマーの意味は世代から世代へと進化しているということがはっきりわかる。

農場は財産の一部であり、誰かが所有する私的なものであり、一家族の全財産であり、あるいは負債と義務が絡み合った遺産だと私は徐々に理解するようになった。そしてなによりも、農場は仕事のための場所だった。人々を定義し、彼らに目的を与える仕事のための場所だった。それは営利目的の事業でもあり、請求書の支払いをするために食糧を生産し、さらにその食糧を人々に供給するための場でもあった。社会に食糧を供給することは崇高な営みであり、重要な価値があるにもかかわらず、いまでは当たりまえのごとく扱われることが多い。人間社会にはつねにリスクがつきまとっている。農業のやり方を少しでもまちがえれば、人々は飢えはじめ、まずは貧困層が打撃を受ける。やり方を大きくまちがえてしまえば、何百万もの人々が飢えに苦しむことになる。

農場は家でもあり、地中深くに根づく家族のための主根となるものだった。たとえ儲からなくてもそこは家でありつづけ、だからこそ辞めるべきタイミングを過ぎてもずっとファーマーは土地にとどまった。そこは聖地のごとく、歴史、物語、思い出が積み重なった場所だった。同時に農場は、より幅の広い文化、社会、経済システムの一部でもあり、同じ仕事をし、同じ種、作物、習慣に愛情をささげる家族と共同体のネットワークだった。

ある老ファーマーはかつてこう私に言った。二〇〇一年の口蹄疫の発生によって牛と羊を失ったあと一年半にわたって、自分がもはや存在しなくなったような感覚になった、と。彼のアイデンティティー意識が、動物とともに行なう仕事に結びついていただけではなかった。友情や人間関係のすべてが、それらの仕事だけでなく競売市、品評会、集まりに結びついていた。だからこそ動物がいなくなったとき、彼のなかの共同体へのつながりが消えてしまったのだ。

農場はむかしからいつも、田舎の夢を象徴するものだった。それは、見知らぬ人々による都市への大移動の波に抗い、独立した自由な立場で土地に足跡を残すという夢であり、それはいまもまったく変わらない。しかし私がやがて理解するようになったのは、農場とは、人間が掲げる目的のために管理されるようになった、かつての野生の地であるということだ。つまり、しばしば破壊され、あるいは不毛になった生態系の一部だった。農場の土地は、種としての人間が自然界と出会う第一線となるところだ。私たちの政治、食生活、買い物の選択がその土地、まわりの野生の世界、さらには気候までをも形づくる。そして私たちはしばしば、その場所に大きな損害を与えてきた。

たとえ伝統的な方法であっても農業は、つねに自然界になんらかの犠牲を強いるものだと私は理解するようになった。人間がまったく存在しない場合に比べれば、たいてい農場がある場所の状況は悪化する。けれど、いったんこの事実を受け容れると、有能なファーマーは商品の生産以上のことを成し遂げているのだとわかってくる。無害で非効率な方法、あるいは質の高い管理によって、彼らの農場やそのまわりには数多くの野生生物が生息するようになる。土地から流れて、村、町、都市を襲うおそれのある水を堰き止めることもできる。地球の気候変動に影響する炭素を蓄えることもできる。良い農場には、生産物にたいしてファーマーに支払われる哀れな金額を超越する公共的価値がある。私の友人の羊飼いが運営する農場には毎年一〇〇万人以上の観光客が訪れ、家畜が放牧された山への散策に出かける。フェルの斜面、ベック、手作りの空積みの石垣、古い石造りの家や納屋。美しくも荒々しい、野生に近い景観を眺めるために、観光客が世界じゅうからやってくるのだ。

有能なファーマーでさえも自分の農場の運命を自分の力だけで決めることはできない、と私は理解するようになった。自然にやさしい持続可能な農業を支援・保護できるかどうかは、残りの住民たちの買い物と投票の選択にかかってくる。健全な農業は〝公共の利益〟であり、後押しと保護が不可欠であるという認識を広めるためには、政府の支出や貿易政策が必要になる。

イギリスの政治や文化のなかで農業が過小評価されているのは、じつに悲劇的なことだ。なぜなら農業の在り方とはまさに、私たちがどんな国に住みたいのかを指し示すものだからだ。崩壊したアメリカ中西部の二の舞になるのか、あるいは自分たち独自の価値観、歴史、夢、自然を反映した土地になるのか。これまでと同じようにただ流れに身を任せ、大企業を野放しにし、より安価な食品をスーパーマーケットや商店に求めているかぎり、質の高い農業を営む国にはなれない。

私たちは食糧についてもっと真剣にとらえる必要があるはずだ。解決すべき技術的な問題としてではなく、それ自体が生活を豊かにしてくれる重要な何かとして食糧について考えなければいけない。食糧がどのように生産され、自分たちの選択がどこかの畑でどんな影響をもたらすのかを考える必要がある。新しい工業型の農業が広まったのは、われわれ一人ひとりの責任だ。そのような農業が約束した類《たぐい》の未来を望んだからこそ、私たちはそれを受け容れた。いま、異なる種類の未来を望むのであれば、実現するためにいくつかの困難な決断をしなければいけない。

私たちはあまりに長くのあいだ、経済学者の意見に耳を傾けすぎていた。強固な世界的サプライチェーンがあれば、地元で生産される食糧について心配する必要はないと彼らは請け合った。しかし、たとえこの疑わしい主張が真実だとしても（実際のところ、経済学者が考えるよりも世界は人間や自然の危機にたいしてはるかに脆弱だが）、それは地元での食糧生産が重要である理由とは関係ない。地元での農業が必要なのは、人々が農業を理解し、かかわり、自分たちの価値観に合うようにそれを形づくるためだ。栄養の大部分が地元で生産されれば、住民たちはそれを見、参加し、必要に応じて質問や疑問を投げかけることができるようになる。食糧生産は非常に大切なものであり、眼に見えないところや忘却の彼方に追いやることなどできない。世界の遠く離れたどこかにある匿名の生産元から届く食糧は往々にして、健康、環境、衛生に関するこの国の規則や規制にしたがったものではなく、私たちの価値観に沿って作られたものでもない。食べ物を与えてくれる畑や生産者の情報から切り離されるのがいまではあまりに当たりまえになったため、私たちは、歴史的な観点から見たときにそれがどれほど奇妙なことなのかを忘れてしまった。自分たちを養ってくれる土地にたいして無知であってはいけない。土壌や自然の力、人間を支える厳しい現実から遠く離れてしまうのは危険だ。いまや山のような証拠がこう指し示している。肉体労働をし、野外で自然と触れ合って時間を過ごすほうが、人間は心身ともに健康になる。自然に関する懸念や土地での仕事から人々を引き離して遠ざけようとする現代の流れは、私たちが真に必要とするものとは正反対への動きであることがわかった。

私たちは、持続不可能な方法で生産された食べ物を店舗や市場から締めださなければいけない。自然にやさしい高福祉農業が軽視されることを許してはいけない。イギリスの土壌で自分たちの食糧の多くを生産しつづける必要がある。そして、アメリカ中西部のような荒廃した不毛な土地、あるいはインドネシアやアマゾン川流域のような原始的な生態系が破壊されつつある土地からさらなる食糧を輸入することを避けなければいけない。そのような外国の地域での農業は規制や管理が手薄で、私たち自身による監視も充分には行き渡らない。

そしてなによりも必要なのは、人々の複雑なニーズとうまくバランスのとれた農耕地と野生の土地だ。これまで半世紀にわたって農業を変えてきた技術的ツールの一部の使用を少しずつ制限し、混合農業と輪作にもとづく農法をふたたび確立するべきだ。化石燃料由来の化学薬品を（時間をかけて）排除していけば、ファーマーは指示されるまでもなく、おのずと混合農業や輪作に戻ることになる。より多様性に富んだ農場の生息環境、輪換放牧、自然のプロセスを模倣するそのほかの習慣を推し進めることができれば、イギリスの農村部はまちがいなく変わる。政府が農場を細かく管理する必要はない（旧ソ連など失敗例が多い）。たんに、ファーマーがこれらのことをしっかりと実行しつづけられるよう、適切なシステムを作る必要があるだけだ。

ファーマーと社会のあいだの古い契約は、もはや限界に達している。いま必要なのは、農業と生態系を結びつける新しい取り決め、新しい理解、新しいシステムだ。それを実現するには、対話、現実主義、信頼、ファーマーと消費者双方による行動変容が不可欠となる。くわえて、本来あるべき状態を取り戻すために、食べ物と質の高い農業にたいして（店舗のレジで、あるいは税金をとおして）まっとうな価格を支払うという人々の意志が必要になる。解決策のなかには、個人レベルの小さなものもあれば、大きな政治的・構造的変化を必要とするものもある。何百万人もの人々が力を合わせて政治力を示し、土地をしっかりと見据え、そこで起きることを公正でまともな国づくりの中心に置く政治を生みださなくてはいけない。

＊

家に着くころには、トムは私の膝の上でぐっすり眠っている。私は運転しながら、重くのしかかる息子の体に腕をまわす。ヘレンが家から出てきて、あきれた表情をする。私といっしょにトムの体を起こした彼女は、そのまま家のなかに運んでいく。私たちの古風な家庭のなかには、不公平なことが数多くある。たとえば、私はめったに家にいないため、家事を手伝ったり、何か役目を果たしたりすることはほとんどない。しかし、毎晩トムを寝かしつけるのは私の務めだ。彼は小さな雄牛のようながっしりとした体軀の少年で、意思、決断力、野生のエネルギーがみなぎっている。寝ることはトムの計画のなかにはなく、きまって体をくねくね動かして抵抗しようとする。ジェーン・ピルグリムの「ブラックベリー・ファーム」シリーズの絵本の読み聞かせが大好きだ。その絵本はかつて私のもので、そのまえは父のものだった。しかし、今夜のトムは失神するように眠りにつく。私はトムの髪の毛を撫で、数年後に彼が私たち家族のことをどう考えているのだろうと想像する。そのときに、親として充分なことをしたと思えるようになっていたい。

＊

いまから数十年後、子孫は私たちについて何を語り、どう評価するのだろう？　枯れ果てた敵対的な世界の埃のなかに突っ立ち、現時点で存在するものの残滓に囲まれながら、彼らはこう思うのだろうか？　地球を救うことができたはずの私たち世代は、じつのところ無分別な破壊者であり、後戻りできないほど利己的で愚かだったと。未来は、すべてにおいてやりすぎた世代として私たちを記憶することになるのだろうか？　眼のまえで世界が崩壊しはじめたにもかかわらず、勇気も知恵もほとんどなく責任に背を向けた世代として記憶されるのだろうか？　あるいは彼らは、われわれが植えたオークの木々の下の涼しげな緑の木漏《こ》れ日《も》のなかに寝そべり、私たちのことを誇りに思うのだろうか？　奈落の底から物事を正常な位置に引き戻した世代として思いだされるのだろうか？　自分たちの欠点に向き合う勇敢さをもち、互いのちがいを乗り越えて協力し合う寛容さをもち、市販の商品よりも人生には大きな価値があると見抜く賢明さをもった世代だと認識されるのだろうか？　よりよい公正な世界を築くために、みずから立ち上がった世代だ、と。

それは私たちの選択次第だ。

私たちはいま分かれ道にいる。

用心深いギャンブラーは、人間の美徳にすべてを賭けたりはしない。なぜなら、私たちが失敗するというオッズのほうが高いからだ。実際、私たちには寛容さも勇敢さも賢明さも充分にはなく、いま与えている被害を食い止める壮大かつ理想的なことなど何もできないと信じるにたる一〇〇万の理由がある。人々はいま、自分自身の自由のせいで窒息死しかけている。買い物の量を減らすべきだとか、何かをあきらめるべきだと少しでも聞いただけで多くの人は、飼い葉桶から引き離された豚のように悲鳴をあげる。人間の世界はしばしば醜く、利己的で、卑劣であり、人々は簡単に誤った方向に導かれ、仲たがいしてしまう。だとしても、私たち——あなたと私——はそれぞれ自分なりの方法で必要とされている物事を成し遂げることができる。私はそう信じている。

＊

数週間まえに私たちは、一万二〇〇〇本目の苗木を植えた。おそらく、農場の木の数は以前の三倍にまで増えたはずだ。今後何年ものあいだにさらに多くの木を植え、茂みや林の区画を敷地じゅうに増やしたいと考えている。私は、死ぬまでに少なくとも一日一本の木を植えるという挑戦を自分に課してきた。それが森林にはならないにせよ、何かにはなるはずだ。私が作りたいのは、隠れ場、不均一性、日陰に満ち、いたるところに広がる落ち葉が土壌へと還る農場だ。より多く鳥が越冬するためにベリーや果物を求めてやってくるような農場を作りたい。もちろん、自分の農場だけで何かを解決することはできない。ここは、私たちがはじめの一歩を踏みだす小さな場所にすぎない。しかし全員が手に手を取り合えば、いっときに少しずつではあるものの土地の姿を変えることができるはずだ。

木を植えることには、人を気持ちよくさせる何か不思議な力がある。うまく植えることができれば、その木はあなたよりも長生きし、あなたの努力のおかげで世界はほんの少しだけ豊かで美しいものになる。木を植えるという行為は、あなたが自分のいなくなったあとの世界を信じ、気にかけていることを意味する。自分以外のことも考え、自身の生涯のさきの未来を想像し、その未来を気にかけていることを意味する。私の父は死ぬまえ、壊れたゲートや石垣を修繕した。なぜなら、この農場が将来にわたって続くことに大きな意味があり、そのプロセスをとおして自分のささやかな人生にも意味がもたらされると信じていたからだ。私もそう信じ、同じ目的意識にもとづいて木を植えている。

むかしの車大工は、親子三世代のサイクルをとおしてリンゴの木を植え、伐り倒し、保管していたという。すると孫たちは、充分に成熟した木と適切な種類の乾燥した木を手に入れることができ、それをもとに必要となる硬い車輪のハブを作った。私たちはまたそのような生き方へと戻り、より長期的かつ謙虚に物事を考えるべきではないだろうか。もしかすると、いま植えているこの木から私の子孫が何かを作るかもしれない。それに比べると地味な望みではあるものの、かつての自分たちと同じように子どもや孫が木に登って秘密基地を造り、魚を捕まえ、自由に歩きまわることを私は願っている。彼らがこの農場の羊の群れや文化を愛し、野生生物を大切にしてくれることを願っている。いまの時代の絶対的なものと極端なもの、そして憤懣に私はうんざりしている。私たちには妥協、やさしさ、バランスがもっと必要だ。

農場で私たちが続けてきたすべての良い行動は、ファーマーと生態学者のあいだに古くからある敵対意識を乗り越える方法を見つけた人々によってもたらされたものだ。古い自由——それぞれの農場がほかのすべての農場から切り離されたひとつの島だと考え、農業がたんなるビジネスであるかのように好き勝手する自由――は、いまや疑問視されるようになった。土地のなかで適切に選ばれた場所に作られたひとつのトウモロコシの畑は、土壌浸食に関して重大な問題にはならないかもしれない。しかし、すべての畑にトウモロコシが植えられると、それは生態学的な大惨事になる可能性がある。生態系は、ひとつの畑やひとつの農場よりも大きなものだ。だからこそ私たちは、多くの農場と多くの渓谷にまたがって働く必要がある。生態系について私たちが何か知っている点があるとすれば、それが海から山頂、北から南、東から西、またその反対方向へと土地全体に広がっており、そのなかには農場、渓谷、地域、国、さらには大陸までもが含まれているということだ。

毎年春に二カ月にわたって農場のオークの木にとまって鳴くカッコウは、サハラ以南のアフリカからこの地にやってくる。移動のあいだカッコウたちは、生活し、餌を見つけ、問題なく通過できる安全な場所をいくつも必要としている。同じことはツバメ、アマツバメ、ノビタキ、ムナフヒタキ、ジョウビタキなど多くの鳥にも当てはまる。この農場は、私がけっして訪れることのない遠く離れた場所と複雑に結びついており、それにたいして私はなんの影響力を与えることもできない。私が大好きなノハラツグミやワキアカツグミは、冬のあいだ農場の生け垣で過ごし、毎年春になると突如として姿を消し、北へと飛び立ち、北極のツンドラやスカンジナビア半島とロシア北部の森に移動する。聞けば、農場の上を通過し、フェルで死んだ羊から肉を剝ぎ取るワタリガラスは、ときに厳しい寒さから逃れるために北西に飛び、デンマークやノルウェーなどの国の海岸に集まって交尾の相手を探すという。より局所的な規模でも、野生の生物は渓谷や地域のあいだを絶えず動きまわっている。この渓谷に優雅さを与えてくれるダイシャクシギ、ミヤコドリ、タゲリは、私たちの農場とソルウェー湾やモアカム湾などの三角江の干潟のあいだを移動する。ファームハウスの下のほうにある岩にスプレイント（排泄物）でマーキングをするカワウソは、じつに広範囲にわたる縄張りをもち、農場内の小川の上流と下流のあいだを行き来し、一晩のあいだに何キロも移動する。ベックの水たまりで銀色に輝くサケやマスは、生涯の大半をはるか遠くの海で過ごし、トロール船の網やシャチの口を避けながら生活する。この小さな農場は、とても大きな世界の一部なのだ。

＊

私たちは四輪バギーで牧草地を突っ切り、ゲートのまえに来るたびにビーがバギーから飛び降りて開け、そこを通り抜けていく。谷底に近づくと、陽光の指がフェルを超えて北西へと伸びていくのが見える。影が長くなる。今日はまだ、農場でもっとも貴重な羊であるストック雄羊を眼にしていない。その羊たちは群れのための新しい血の源であり、日暮れまでに問題がないか様子をたしかめておかなくてはいけない。アイザックは寝る時間になるまでテレビを見たいと言って家に残ったが、ビーがいっしょに来たいと言った。

向かうのは、氾濫原の沼地。無数の小さなベックと古い排水溝が刻まれたこの場所は、粗放牧のための土地であり、夏の終わりにはクリーム色のシモツケが腰の高さまで成長する。雄羊たちはここにいるはずだ。夜明けと夕暮れの谷底は、少し原始的な雰囲気に包まれる。牛やノロジカは、霧海のなかで草を食《は》む。サギは、魚やカエルを捕まえる池や川と止まり木のあいだを行き来する。何世紀もまえからここでは、沼地を畑に変えるために大規模な排水工事が行なわれ、二、三メートルもの深さの巨大な水路が掘られてきた。水はけが良い状態を保つためには、超人的努力が必要だった。〝改善〟のための最後の行動は一九八〇年代に行なわれ、「水道局」が重機を使い、農場を流れるベックをまっすぐにした。彼らは川の両側に支柱や木の板を並べ、小さな運河のようなものを作った。工学的な熱意にくわえ、川はまっすぐであるべきという神学理論のみにもとづき、人里離れた湖水地方の渓谷で公益組織がそのような事業をする資金と意志をもっていたという事実は、いまとなっては非現実的にも思える。とはいえ、ここ一世紀のあいだのイングランドにおいて、なんらかの形で〝改善〟されていない土地などほぼ存在しない。

私には、この場所の水はけを良くするための人手も、資金も、意思もない。毛深い高齢の牛やハードウィック種の羊は、棒のように直線的な川も完璧な緑の草地も必要としていない。よって大がかりな基本計画もファンファーレもなく、年が進むごとに谷底はより野生的な場所に戻っていった。無理やりまっすぐにされた川はやがて、それを支えるために造られた土手を浸食していき、いつ決壊してもおかしくない状況になった。運河の横板はみるみる腐敗している。排水路は沈泥でふさがり、ヘドロや水草がゆっくりと堆積し、そこでカワウソやサギがカエルを捕まえる。谷底へと歩いていくと、あたり一面に古代の労働の風景が広がり、それがいまも生きて呼吸しているのが伝わってくる。しかし同時に、その表面には二〇年にわたる変化が刻まれている。

頭上の古代のオークの林が再生しつつあるのが私にはわかる。野生のフェルのいたるところで小さなナナカマドの木がすくすく伸び、シカを邪魔しようとする。植物はより地中深くに根づきつつ密に成長し、渓谷の上まで斜面はハンノキやイバラの茂みで覆われている。氾濫原はなかば野生のまま放置されている。私が子どものころよりも谷にははるかに多くの草木が繁茂し、荒れ放題で、斜面に点在する羊の数もずっと少なくなった。隣人のなかには、そのことに戸惑いや怒りをあらわにする人もいる。それ以外の人々は順応し、牛の数を増やしたり、土地で生計を立てるほかの方法を探したりした。

いま、この地域をよりよい場所にするためにファーマーたちが協力し合い、野生化する川のまわりで牧畜を行なう方法を見つけようと奮闘している。何キロもの生け垣がふたたび造られ、空積みの石垣が再建され、古い石造りの納屋やフィールド・ハウスが修復された。河川回廊（河道とその氾濫原）は柵で仕切られ、池が掘られ、コモン・ランドの一面を覆う泥炭地が復元された。人工肥料や殺虫剤から解放された野草の牧草地はいまでは、昆虫、蝶、蛾、鳥の大群とともにきらきらと輝いている。

さらに、ファーマー以外の共同体のほかの住民たちも木や生け垣を植え、湿地帯を作ることをとおして、私たちの取り組みに協力してくれている。これらのことによって、別々の世界がひとつにまとまり、古くから続く〝私たち〟と〝彼ら〟のあいだの分裂が薄れつつある。誰もがこの土地を愛しており、その愛が私たちみんなを結びつけてくれる。

＊

ときどき、あらゆる変化をどう判断するべきかわからなくなるので、私はただ眼のまえに出現するものを見て学ぶ。すべての答えを知っていると考えるほど、私は傲慢ではない。これらの土地は多くの人や多くの考えによって形作られており、そのプロセスはむかしからずっと変わらない。

にもかかわらず、それらすべてのあいだに、過去のあらゆる物事との連続性の糸が通っている。定住《ヘフト》させた羊の群れの多くはいまでも、フェルと牧草地のあいだをむかしと同じように移動する。私たちはいまでもコモンで牧羊犬とともに働き、羊飼いの集まりで自分の農場の家畜を披露する。これらの渓谷には、その伝統と古いフェル農場の仕事を愛する鋭敏で賢い若い男女が山ほどいる。まさに私と同じように彼らは、この生活様式のなかでなんらかの役割を果たし、そのなかで将来を築こうともがいている。

この渓谷は、冷徹なまでに生産性を重視するファーマー（「あなた方の生き方はキュートだとは思うけれど、ライフスタイルとしての選択肢のひとつでしかない」）と、極端なまでに野生の自然を守ろうとする生態学者（「高地は森林に覆われているほうがいいので、あなた方はどこかに消えてくれませんか？」）に愛されることはないのかもしれない。しかし私にとって、ここは美しい妥協の場所であり、新しいことを学び、課題にたいする斬新な解決策を見つけるたびにつねに土地は改善されていく。この時代の絶望的な問題の数々に対処するために、古い方法を続けつつ、同時に新しい方法を探そうとする共同体に私は誇りをもっている。

私は、この土地と住民たちを信じている。

*

四輪バギーを静かに走らせ、小さなベック脇の草地の小道に沿って進み、背の高いヌマアザミの茂みを抜けていく。雄羊が川岸に立っている。頭、肩、角《つの》がやけに目立つ雄たちだ。その数を数え、それぞれの健康状態に問題がないことをたしかめる。私の眼は、「ビースト」と名づけられたとりわけ大きく誇り高い羊に釘づけになる。三年まえに購入したこの羊は、何匹もの立派な息子や娘を産みだしてきた。その隣には、二年まえに農場として過去最高価格で購入した「ジェダイ」がいる。この二匹の毛むくじゃらの紳士たちは、群れを形づくる中心的な役割を担っており、私としては群れの質がさらに改善されることを願っている。二匹は振り返り、牧草地を駆けていく。

私たちが進行方向を変えると、生け垣の向こう側で幽霊のごとき白い何かが光る。私はエンジンを止める。

時間はさらにゆっくりと進んでいく。仄暗い水たまりのあいだの小石の上を水がちょろちょろと流れ、その日の最後の陽射しを受けて輝く。大きく真っ暗な水たまりのなかでは、小さなマスのような形をしたミノウの大群が不規則にぐるぐるとまわり、その体が水の幕に落書きをする。空気は、ハエの穏やかな羽音で賑やかだ。

ビーが私のまえにじっと坐っている。ピンク色のTシャツとショートパンツを身につけ、ずんぐりとした剝きだしの脚で燃料タンクを挟む。私たちは待つ。私は片腕を彼女の体にまわしてぎゅっと抱きしめ、愛しているよ、お手伝いをしてくれてありがとうと伝える。ビーは猛烈に誇り高く、自立した女の子だ。少し幅広の丸い顔の頰にはそばかすが広がり、髪はポニーテールに結ってある。ビーは親切で明るく、彼女が部屋に入ると子どもたちがまわりに集まってくる。しかし、大人にたいしては反抗的で生意気だ。幼いころからビーは、両親ではなく姉のモリーに承認や許可を求めてきた。ふたりはいつも自分たちだけの小さな部族に属し、独特の忠誠心を抱き合っていた。まだよちよち歩きの幼子だったビーに私が何かするよう言いつけると、彼女は姉のほうを見やり、言うとおりにしたほうがいいかたしかめた。自分が正しいと思ったときには、私にも母親にもしたがうことはない。わが家の女性たちの多くと同じように、ビーには活力、胆力、善悪にたいする鋭い感覚がある。農場で手伝いをするこのような時間は、彼女が私のまえでもっとも直接的に愛情を示してくれる瞬間だ。父親に誇られる存在になりたい、とビーがひそかに望んでいるのを私は知っている。もちろん私は誇りに思っているが、娘がそうすでに気づいているのかどうかはわからない。

沈みゆく太陽が、オークの木から牧草地へと長い影を投げかける。一日が終わろうとしている。そのとき、私たちはそれを見つける。野原の一五メートルほどさきにいる、幽霊のような一羽の鳥。メンフクロウだ。

こちらの存在には気づいていないようだ。娘の体にぴりりと電気が走る。私たちはじっと坐り込み、その鳥が巨大な白い蛾のように前後にかろやかに飛び、薄暗い黄昏の空気を羽がそっと撫でるのを見やる。あたかもガラス瓶のなかで片側から反対側に転がるボールのごとく、フクロウは左へ右へと揺れ、それぞれの弧の終わりで重力に引き戻される。ある方向に向かって上昇すると、かならず反対の方向に向かって下りてくる。あまりに繊細で脆く、餌を探すそれぞれの弧の終わりに向きを変えると、ほとんどどこかに消えてしまいそうになる。にもかかわらずその動きと生命力によって、体はなぜかより大きく見える。フクロウは、その存在感で土地を支配する。

この地域で「マヌケ《ドープ》」と呼ばれる漆黒のハシボソガラスが一羽、なかば強引にフクロウに襲いかかろうとしたものの、少しもつれ合ったあと二羽はそれぞれべつの方向に飛んでいく。ノロジカの鳴き声が聞こえる以外、渓谷は静まり返っている。私は、脚のあいだにいる娘を膝でぎゅっと抱きしめる。ビーは何も言わない。魔法にかかっているのだ。

そのような瞬間は、自分の土地で正しい行動をとろうとする努力にたいして与えられる報酬だ。もちろん、美しさは請求書の代金を支払ってはくれない。それだけでは充分でないにせよ、美しさは人生をより豊かにしてくれる。工業的な効率や消費者主義の福音の奴隷になるまえから、田舎の住民たちはつねにそう知っていた。豊かな暮らしとは、お金や店で買える商品とはほとんど関係ないものだと祖父と父が教えてくれたことに私は感謝している。現代社会が取り憑かれている金銭的価値にたいする彼らの軽蔑を、私はますます尊敬するようになった。誰しも、経済的な現実から逃れることはできない。しかし、より公平で、よりまともで、より人にやさしいものにするために社会を再構築しようと努力することはできる。一九八〇年代の経済の戯言にはもううんざりだ。

銀色の影に覆われた野原のはるか向こう側で、メンフクロウが左右、前後に曲がりながら進む。それから獲物に視線を定め、翼をうしろに折り曲げ、矢のごとく草むらのなかに急降下する。永遠に続くかのような静かな数秒の刹那、私たちは息を殺す。それからフクロウは草むらから飛び立ち、ぶるぶる震える小さな茶色い獲物をつかみながら、少し難儀そうにゲートの支柱に戻る。私たちは息を吸い込む。

これを越えるものは何もない。ここより高い場所はない。これらの単純な物事よりも深遠なものは何もない。この小さな土地で私たちのささやかな人生を生きようとする以上に、重要なことは何もない。

ビーがあと一〇〇年生きることを私は望んでいる。やさしさと喜びでいっぱいの健康な人生を送ってほしい。おばあちゃんになったとき、世界のどこにいるにしろ彼女は、父親といっしょに坐って白いフクロウの狩りを見たこの場所とこの時間のことを思いだすかもしれない。共有した、美しさと魔法の小さな瞬間のことを。あるいはもしかすると、私がいなくなったずっとあと、ビーはファーマーとしてこの同じ場所に立ち、私がこの土地を世話するために精いっぱいの努力をしたことを思いだしてくれるかもしれない。

これが、子どもたちに継承するものだ。

これが、私の愛だ。

土地で何が起きているか、彼らに伝えてほしい。誰かが伝えなくてはいけない……

若いころには、カウスリップやカッコウセンノウがいたるところに生えていて、フェルのごつごつした岩肌に広がるタイムの上に蝶が舞っていた。ベックにはミノウがたくさんいて、水たまりにも魚がいっぱいで、マツモムシがその上を滑るように泳いでいた……

愚かな年寄りの戯言かもしれないが、おれはそういうのを見るのが好きなんだ。だが、もうどこにもいなくなってしまった。悪いのは強欲だ。強欲。彼らが物事を変えなければ、状況はさらに悪くなるだろう。

どうか彼らに伝えてくれ。

〈ダウスウェイト・ヘッド・ファーム〉のメイソン・ウィア

謝　辞

私の執筆生活を可能にしてくれる大勢のすばらしい仲間たちがいなければ、この本はけっして存在しない。彼らに心から感謝している。

〈ユナイテッド・エージェンツ〉のジム・ギルと担当チームのみなさん、ありがとう。

本書の出版計画を進め、私の最初の編集者として制作の早い段階からこの本を形づくる手助けをしてくれたヘレン・コンフォードに感謝したい。ステファン・マグラス、イングリッド・マッツ、ペネロープ・ヴォーグラー、ジェイン・ロバートソン、ヘレン・エヴァンズをはじめ、本書のために並々ならぬ労力を注いでくれた出版社〈ペンギン〉のみなさんに謝意を伝えたい。

この本を現在の形になるように手助けしてくれた編集者のクロエ・カレンズには感謝してもしきれない。これほど才能豊かな編集者に出会えたことを、私は幸運に思う。彼女は私のためにつねに闘い、よりよい作品になるよう背中を押してくれる。〈ペンギン〉の家族の一員になれたことがほんとうに嬉しくてたまらない。一〇代のときに母さんの本棚に並ぶ「ペンギン・クラシックス」シリーズを読んで驚嘆していた私にとっては、見果てぬ夢が叶ったようなものだ。

ソーシャル・メディア「@herdyshepherd1」での会話をとおして、無数の小さな方法でこの本の執筆を手伝ってくれたすべての人に感謝したい。

書店員、ジャーナリスト、イベント関係者のみなさん、私の執筆をサポートし、読者に直接本を販売してくれてありがとう。

何百人もの読者やライターが、対面、あるいは手紙やメールでやさしい言葉を投げかけ、支援してくれた。すべてに返信する時間はないものの、あなた方の心のこもったメッセージは私にとって大きな意味をもつものだった。

*

農場での生活には、さまざまなことを教え、手伝ってくれる人々がたくさんいる。私のためにそうしてくれたすべての仲間たちに感謝したい。私の本のせいで大騒ぎになったにもかかわらず、以前とまったく変わらず支えてくれる友人たちにも謝意を伝えたい。私の家を見つけようとする招かれざる客に、まちがった道順を教えてくれてありがとう。

以下の人々に感謝したい。ファーマー仲間で良き隣人のアラン・ベネットとは、牧草地の脇の道端であれこれと話し合うのが私は大好きだ。ピーター・ライトフットは私を正しい方向に導いてくれる。デイヴィッド・カノンはつねに紳士であり、約束どおりの友達でいてくれる。ジョー・ウィアは、ハードウィック種の雄羊をいっしょに育てる共犯者だ。リチャード・ワフはさまざまな面で私たちを支援し、見事なチェーンソーさばきであの忌々しい生け垣を修復してくれる。クリス・デイヴィッドソン、デレク・ウィルソン、スコット・ウィルソン、トム・ブリーズ、ハナ・ジャクソンは、私の留守中に農場の仕事を手伝ってくれた。

ケン・スミスは、アメリカ中西部の長くまっすぐな道路を運転してくれた。レニーとケヴィン・ディーツェル夫妻は、アイオワ州の農場生活についての深い洞察を与えてくれた。本書では中西部の農業システムの悪い側面について説明したものの、数多くの優秀で進歩的なアメリカ人ファーマーに出会い、彼らの抵抗におおいに感銘を受けたことを書き添えておかなくてはいけない。事実、「環境再生型農業《リジェネラティブ》」についての優れた考えの多くは、アメリカから生まれている。〈グリーン・パスチャーズ・ファーム〉のグレッグ・ジュディーは、ユーチューブのチャンネルをとおして土壌や放牧について多くのことを教えてくれた。

わが家の農場がこの一〇年のあいだに大きく変化したのは、環境について知識をもつ多くの人々がここで時間を過ごし、考え方や土地の管理方法を変える支援をしてくれたからだ。ルーシー・バトラーとウィル・クリースビーは何年もまえに〈イーデン・リバーズ・トラスト〉からやってきて、農場の改造をはじめた。エリザベス、レフ、タニア、ジェニーをはじめとする、引きつづきすばらしい仕事を行なっている現在の〈イーデン・リバーズ・トラスト〉のスタッフにも感謝したい。

ロブ・ディクソンは、私たちの土地、とくに野生植物について理解する手助けをしてくれた。彼はみずからおおいに手を汚して生け垣を造り、この場所に足りない植物のプラグ苗を植えた。牧草地に植えられたそれらの植物は、二、三年後に花を咲かせるはずだ。

キャロライン・グリンドロッドはおそらく、ここ数年のあいだに誰よりも農場に大きな影響を与えた人物にちがいない。土壌や草地の管理について教えてくれた彼女に、心からの感謝の意を表したい。

英国王立鳥類保護協会（ＲＳＰＢ）のリー・スコフィールドと同僚たちは、意見交換のための興味深い相談役となり、私たちの考え方を形づくってきた。チャーリー・バレルとイザベラ・トゥリーは親切な案内人として、ネップ・カッスルでの自身の取り組みについて教えてくれた。彼らの教えもまた、農場にたいする私の考えにおおいに影響を与えた。カイン・スクリムジョールとヘザー＝ルイーズ・デヴィーは、農場の蛾やコウモリについて知識を深めることを後押しし、新鮮な視点によって野生生物保護活動をより愉しいものにしてくれた。ベッキー・ウィルソンは、炭素排出量の監査と複数回にわたる土壌検査を行ない、その熱意をとおして土壌にふたたび命の息吹を送り込んだ。木々について支援してくれた〈ウッドランド・トラスト〉にも感謝したい。渓谷全体の計画のために寄付をしてくれたすべての方々、とくにブレイ一家のみなさん。舞台裏から計画を実現へと推し進めてくれた〈ナチュラル・イングランド〉と環境庁の職員の方々。ありがとう。ポール・アークルは、わが家の農場を最高の環境スキームに組み込むために必要な官僚制度の舵取りをし、私たちの計画にもとても熱心に向き合ってくれた。ジェイムズ・ロビンソンは酪農についてのみならず、現状の制度のなかで異なることをするという挑戦について深い洞察を与えてくれた。

友人のダニー・ティーズデールにはとりわけ感謝しなくてはいけない。彼のおかげで川について理解を深め、土地改造のための資金と掘削機を見つけることができた。ダニーは、どんな場所でも必要とされる現実的な自然保護活動家だ。この渓谷での彼の自然保護活動に協力したい方は、www.ucmcic.com をとおして寄付をしてほしい。われわれが実施する「自然にやさしい農業パートナーシップ」（Nature-Friendly Farming Partnership）に私は誇りをもっており、今後もさらにその規模が拡大することを願っている。

木や生け垣を植えるボランティアに参加してくれたみなさん、学校パートナーのみなさん、ありがとう。ここで暮らすのがどれほど幸運なことであり、それを分かち合うのがどれほど愉しいことなのか、あなた方は思いださせてくれる。

私たちがユニークでも特別な存在でもないということを、ぜひ読者のみなさんには知ってほしい。この渓谷とまわりの渓谷には優れた農業従事者が山ほどおり、誰もが食糧生産と自然のためのよりよい土地管理の方法を見つけだそうとしている。土地を大切にする有能なファーマーはたくさんおり、彼らの存在が私に希望を与えてくれる。

＊

以下の友人たちは、親切にも本書の原稿を読み、有益な感想を教えてくれた。ニコラ・ワイルディング、アダム・ベッドフォード、ロブ・ディクソン、キャロライン・グリンドロッド、キャスリン・アールト、パトリック・ホールデン。原稿を読み、鋭いコメントを寄せてくれたジェイン・クラークにも感謝したい。

事実や見解になんらかのまちがいが残っているとすれば、すべての責任は私ひとりにある。

頭の整理が必要なときには、マルコム・マクリーンがスカイ島のウイグの〝バンガロー〟に泊めてくれた。

マギー・リアマンスとオズマン・ザファル、良き友人として必要なときにそばにいてくれてありがとう。ポーランドの〝兄弟〟であるウカシュは、ひどい天候の春にやってきて、なんの見返りも求めずに私をひたすら助けてくれた。きみのおかげで立ち直ることができたよ。そして、私の仕事に敬意を表してくれたアメリカ人俳優のニック・オファーマンに感謝したい。私を笑わせ、いつも見事な演技を見せてくれてありがとう。

少し手に負えない状況になったとき、イアンとリズは私たちのために協力してくれる。

母さん、いつもそばで私たちを支えてくれてありがとう。

子どもたちにも感謝を伝えたい。（まったく無関心な）モリー、（どちらかというと無関心な）ビー、（誇り高き応援団の）アイザック、（私が本を書いていることにまったく気づいておらず、約一年の執筆の遅れのすべての原因を作りだした）トム。そして美しく、タフで、とても聡明な妻ヘレン、心の底から感謝している。きみの支えがあるのは、私にとってほんとうに幸運なことだ。日々のありふれた事々をしてくれてありがとう。誰からも褒められることはないものの、きみがそれをしてくれないと私たちの生活はめちゃくちゃになってしまう。状況が厳しくなったとき、きみが私を支え、背中を押してくれなければ、なにひとつ解決することはないだろう。愛しているよ。

最後に、この本の執筆に際して私は、敬愛するふたりの女性作家に大きな刺激を受けた。レイチェル・カーソンとジェイン・ジェイコブズだ。彼女たちは、その時代の〝一般常識〟にあえて疑問を投げかけ、実際には市井の人々に悪影響を与えている定説に反論した。そして、友人のウェンデル・ベリーに心からの感謝の意と尊敬の念を示したい。ずっとむかし、暗闇のなかで彼は、私たちみんなが進むべき道を照らしてくれた。

訳者あとがき

「五〇年後にも読み継がれているだろう革新的な作品」
——ジュリア・ブラッドベリー（英国のジャーナリスト、テレビ司会者）

本書は、イギリス湖水地方で農場を営む羊飼い作家ジェイムズ・リーバンクスの最新作*English Pastoral: An Inheritance* の全訳です。リーバンクスが自身の半生と羊飼いの日々の生活を描いたデビュー作『羊飼いの暮らし　イギリス湖水地方の四季』は二〇一五年にイギリスで発売された直後から大きな話題を呼び、英国内でベストセラーとなっただけでなく、一六カ国語に翻訳されて世界各国で出版された。リーバンクスはイングランド北部の湖水地方の農場で生まれ育ち、のちに実家を離れてオックスフォード大学に進学、ユネスコのアドバイザーなどを兼業しつつファーマーとして仕事を続ける異色の経歴を持つ羊飼い／作家である。デビュー作の手記がベストセラーとなったことで、彼は一躍イギリス（おそらく世界）でもっとも有名で、もっともツイッターのフォロワー数が多い羊飼いになった。著者のツイッター（@herdyshepherd1）の現在のフォロワー数は一六万人近くにのぼる。

第二作目の長篇となる今作『羊飼いの想い　イギリス湖水地方のこれまでとこれから』は二〇二〇年秋に本国イギリスで発売されると瞬く間にベストセラーとなり、リーバンクスは正真正銘の人気作家であることをみずから証明した。イギリス版アマゾンにおける評価の件数は一七〇〇を超え、平均四・七というきわめて高い評価を受けている。また、新聞各紙が発表する二〇二〇年の「ブック・オブ・ザ・イヤー」の一冊にも選出された。アメリカでは翌年に *Pastoral Song: A Farmer's Journey* というタイトルで発売された。著者のツイートなどによると、日本にくわえてオランダやフランスなどですでに翻訳出版され、今後もノルウェー語、デンマーク語、中国語、韓国語などに翻訳される予定だという。

二〇二一年に本書は、自然をテーマとした作品が対象となるウェインライト賞（英国ネイチャーライティング部門）を受賞した。審査委員長を務めたジュリア・ブラッドベリーは「五〇年後にも読み継がれているだろう革新的な作品」と激賞した。また同年には、政治をテーマとした作品に贈られるオーウェル賞（ポリティカル・ライティング部門）の最終候補にも残った。自然と政治系の両方の賞にノミネートされたのを不思議に感じる方もいるかもしれないが、それこそが『羊飼いの想い』の最大の特徴であり魅力だといっていい。この作品は、前作と同じように著者の農場での生活や家族史を描きつつも、同時に「持続可能な農業」とは何かという世界に共通する壮大な環境問題に迫る意欲作なのである。

前作『羊飼いの暮らし』は、「夏」「秋」「冬」「春」という季節ごとの農場の移り変わりを縦糸、「家族史」を横糸として織り込みながら物語を進める構成だった。今作では「家族史」という横糸はそのままに、農耕牧畜の過去から現在への変遷、そして未来への展望が縦糸として織り込まれている。前作が湖水地方の季節をたどる物語だとすれば、今作は農耕牧畜の過去、現在、未来をたどる時間と継承の物語だといっていい。第一章の「郷愁《ノスタルジア》」では、おもに祖父が中心となって湖水地方のフェル・ファームとイーデン・ヴァレーの借り農場を家族で運営していた著者の子ども時代の様子が語られる。第二章の「進歩《プログレス》」では、祖父亡きあとに父親が農場を引き継ぎ、借金苦から脱出するために殺虫剤と化学肥料を活用して規模を拡大し、それを失敗だと考えるに至るまでの過程が描かれる。この時代のイギリスでは大規模な集約農業が急成長し、農業の著しい工業化が進んだ。第三章の「理想郷《ユートピア》」は、父親が亡くなり著者が農場を継いだ前後の過程、そして農耕牧畜の未来予想図を示す最終章である。現在リーバンクスは河川保護団体と手を組み、農薬の使用をほぼ取りやめ、小川をむかしの姿へと復活させ、農場全体をより自然の姿に戻す試みを続けている。本書を構成する三章はそれぞれがファーミングの過去、現在、未来の時間旅行の物語であり、イギリス版の副題 *An Inheritance* が示すとおり、祖父、父、著者、子どもたち四代のファーマーの継承の物語である。

全体的に無駄がなく、描写が美しく詩的でありながらも衒《てら》いがなく、冷静かつ理知的な筆致がこの著者の文章の特徴だ。また、章ごとに世代が移り変わっていくストーリーテリングの構成は見事としか言いようがない。小さな農場の日々の様子を描きながらも、それを大きな社会問題へと落とし込んで読者を惹き込む手法が鮮やかかつ卓越している。また、もはやリーバンクスの代名詞といっていい美しく圧倒的な自然描写には、今回も多くの読者が心を大きく揺さぶられるはずだ。前作よりも文章や構成はさらに洗練されてシンプルになり、著者はむずかしい単語の利用をほぼ排除し、眼前の自然や動物の姿をありのままに描こうとする。

前述のように、今作は羊飼いとしての手記と家族史であると同時に、農業の工業化や環境問題に関するポピュラー・サイエンスや社会派ノンフィクションとしての側面も強い。日々の農場の様子や自然の描写では美しい文学的な表現が使われる一方で、畜産の近代化や生態系保護の説明に用いられる表現はじつに実用的で現実的である。このふたつの異なる文体が違和感なく融合しているのは、この著者だからこそ実現可能な唯一無二の筆致だといっていい。

本作の校正作業中に改めて読んでみて個人的に驚かされたのは、農耕牧畜と家族の長い歴史について描かれているにもかかわらず、二〇〇一年の口蹄疫などの未曽有の出来事をのぞき、年代を特定するような数字がほとんど出てこないという点だ。前作同様、過去の話だからといってかならずしも過去形が使われているわけでもなく、時間軸は縦横無尽に行き来し、過去形と現在形の文章が意図的かつ複雑に絡み合う。あたかも過去、現在、未来は、永久《とわ》に続く農場の歴史の一部であり、細かな年代や数字には意味などないといわんばかりだ。

　著者のリーバンクスは本書をとおして一貫してこう訴える。大企業とスーパーマーケットが中心に据えられた現在の大量消費主義を見直し、いまこそ持続可能な農業へと立ち返り、イギリスの田園風景を守るべきだ——。イギリスと日本の農業事情や食糧自給率は異なるため、本書の説明が一概に日本に当てはまるとはかぎらない。だとしても、彼の文章に驚くべき説得力があるのは、これが農業のみの範疇に収まる話ではないからにちがいない。本書を読んでいると、農業が世界最古の「仕事」であるだけでなく、農耕牧畜による食糧生産は人間社会の基礎であり、社会そのものが農業を映す鏡のような存在であることがわかる。農耕牧畜について考えることは、人類のこれまでの歩みや未来について考えることでもあり、すべての社会に通底する数々の教訓が本書には含まれている。今作で使われている「農業」「ファーミング」という言葉は、「社会」「共同体」などに置き換えて読むこともできるはずだ。著者はたびたび、今後の農業に必要なのは多様性なのだと訴える。殺虫剤や化学肥料に過度に頼らずに生き残るために必要なのは、生物および植物の多様性がある場所なのだ、と。大量生産された安価な市販品に頼らない、持続可能で、無理のない、静かで、まっとうで、身の丈にあった生活を送ることが大切なのだ、と。私の耳には、それはあたかも現代の社会全体への警鐘であるように聞こえた。読んで感動する本は数多くあるとしても、「五〇年後にも読み継がれているだろう革新的な作品」に出会うことはそうそうないはずだ。なぜこの本が将来にわたって読み継がれるべきなのか、ぜひ読者のみなさんもご自身でたしかめてみてほしい。

二〇二三年二月

羊飼《ひつじか》いの想《おも》い
イギリス湖水地方のこれまでとこれから

2023年3月20日　初版印刷
2023年3月25日　初版発行

*

著　者　ジェイムズ・リーバンクス
訳　者　濱《はま》野《の》大《ひろ》道《みち》
発行者　早　川　　浩

*

印刷所　中央精版印刷株式会社
製本所　中央精版印刷株式会社

*

発行所　株式会社　早川書房
東京都千代田区神田多町2―2
電話　03-3252-3111
振替　00160-3-47799
https://www.hayakawa-online.co.jp
定価はカバーに表示してあります
ISBN978-4-15-210221-8　C0098
Printed and bound in Japan
乱丁・落丁本は小社制作部宛お送り下さい。
送料小社負担にてお取りかえいたします。

羊飼いの暮らし
——イギリス湖水地方の四季

The Shepherd's Life
ジェイムズ・リーバンクス
濱野大道訳
ハヤカワ文庫NF

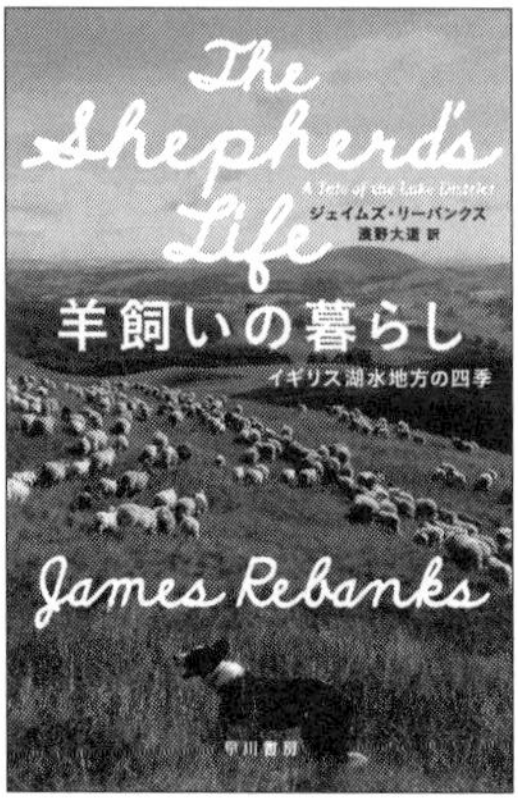

太陽が輝き、羊たちが山で気ままに草を食《は》む夏。競売市が開かれ、一番の稼ぎ時となる秋。過酷な雪や寒さのなか、羊を死なせないよう駆け回る冬。何百匹もの子羊が生まれる春。湖水地方で六〇〇年以上続く羊飼いの家系に生まれたオックスフォード大卒の著者が、羊飼いとして生きる喜びを綴る。　解説／河﨑秋子